全国中等职业技术学校机械类通用教材

磨工工艺与技能训练（第二版）习题册

中国劳动社会保障出版社

简介

本习题册是全国中等职业技术学校机械类通用教材《磨工工艺与技能训练（第二版）》的配套用书。本习题册紧扣教学要求，按照课本章节顺序编排，注意基础知识的巩固及基本能力的培养，知识点分布均衡，题型丰富多样，难易配置适当，适合不同程度的学生练习使用。

本习题册由李文渊主编，龚五堂、雷振国、曾明、聂正斌参加编写。

图书在版编目(CIP)数据

磨工工艺与技能训练（第二版）习题册/李文渊主编. —北京：中国劳动社会保障出版社，2014

全国中等职业技术学校机械类通用教材

ISBN 978-7-5167-1176-7

Ⅰ.①磨…　Ⅱ.①李…　Ⅲ.①磨削-中等专业学校-习题集　Ⅳ.①TG58-44

中国版本图书馆 CIP 数据核字(2014)第 120854 号

中国劳动社会保障出版社出版发行

（北京市惠新东街 1 号　邮政编码：100029）

*

北京金明盛印刷有限公司印刷装订　新华书店经销

787 毫米×1092 毫米　16 开本　6.5 印张　154 千字

2014 年 6 月第 1 版　　2014 年 6 月第 1 次印刷

定价：12.00 元

读者服务部电话：（010）64929211/64921644/84643933

发行部电话：（010）64961894

出版社网址：http://www.class.com.cn

目　录

第一单元　磨削的基本知识

课题一　磨 床 简 介

一、填空题

1. 磨削加工的工艺范围非常广泛，能完成各种零件的精加工。主要有______、______、______、______、刀具磨削，其他还有______、______、______、工具磨削等。因此，磨削广泛地用于各类机器制造中的精细加工。

2. 磨床的种类很多，按用途和工艺方法不同，大致可分为______、______、______、______和______等。

3. 磨床型号指明机床主要规格参数。一般以内、外圆磨床上加工的______或平面磨床______表示。

4. 磨床主要由______、______和______等部件组成，不同组系的磨床各有其结构特点。

5. 磨床工作台的往复运动采用______，它可以使磨床工作台往复运动平衡并可实现较大范围内的无级变速。

二、判断题（对的打"√"，错的打"×"）

1. 磨削加工只能磨硬材料，不能磨软材料。（　）
2. 磨床型号 M7120B 中 B 代表"半自动"。（　）
3. M1080 型无心外圆磨床的最大磨削直径为 800 mm。（　）
4. 齿轮磨床和螺纹磨床分别用 3M 和 4M 表示。（　）
5. M8612A 型磨床是花键轴磨床。（　）
6. 磨床液压传动系统的压力由节流阀调节。（　）
7. 工作台液压往复运动系统中，工作台的运动速度由溢流阀调节。（　）

三、选择题（将正确答案的序号填入括号内）

1. M7475B 表示经过第二次改进设计的（　）磨床。
   A. 卧轴圆台平面　　B. 立轴圆台平面　　C. 立轴矩台平面
2. MG1432A 表示（　）万能外圆磨床。
   A. 高级　　B. 高速　　C. 高精度
3. M8240 型曲轴磨床的最大回转直径为（　）mm。

A. 40　　B. 400　　C. 4 000

4. 万能外圆磨床的砂轮架安装在床身垫板的横向导轨上，可使砂轮实现（　　）运动。

A. 垂向　　B. 纵向　　C. 横向

四、简答题

1. 万能外圆磨床由哪几个主要部件组成？各部件有什么作用？

2. 简述型号 MGB1432D、M7120、M8612A 所表示的含义。

课题二　磨床的润滑和保养

一、填空题

1. 润滑的目的是减少________和________的磨损，并提高机构工作的灵敏度。

2. 在磨床的保养要点中，磨床敞开的滑动面和机械机构须________。

3. 磨床运转一定时间后需进行一次一级保养。一级保养工作以________为主，________配合进行。

4. 磨床一级保养的内容有________、________、________、________、________、机床附件的保养。

二、判断题（对的打“√”，错的打“×”）

1. 磨床润滑的目的是降低液压油的温度。（　　）

2. 主轴的油膜对润滑油有很高的要求，故不能用错油。（　　）

三、选择题（将正确答案的序号填入括号内）

1. 磨床润滑的目的是为了减少磨床（　　）和机构传动副的磨损，提高机构工作的灵敏度。

A. 导轨　　B. 运动副　　C. 摩擦面　　D. 滑动面

2. 一般来说，磨床运转（　　）h 后需进行一次一级保养。

A. 200　　B. 500　　C. 1 000　　D. 1 500

课题三　砂　　轮

一、填空题

1. 砂轮由______________、______________和______________三个要素组成。

2. 砂轮的特性主要由____________、粒度、______________、______________、____________、____________、____________、最高工作速度等要素衡量。

3. 磨料分为______________和______________两大类。天然磨料含杂质多，且价格昂贵，因此很少采用。目前制造的砂轮主要是人造磨料。人造磨料分为______________、______________、超硬类三大类。

4. 粒度是____________的量度。根据国家标准 GB/T 2481.1—1998 对磨粒尺寸的分级标记，粒度用 37 个粒度代号表示。

5. 常用的结合剂分为________________和______________两大类。其中无机结合剂常用的是__________________，有机结合剂常用的是________________、橡胶结合剂两种。

6. 砂轮的硬度是指______________________________，也表示磨粒在磨削力的作用下从砂轮表面脱落的难易程度。

7. 砂轮的组织是表示其____________________的参数，其与________________、______________、气孔三者的体积比例有关。

8. 砂轮的孔径与法兰盘轴颈部分应有__________________ mm 的安装间隙。

9. 静平衡使用的工具有________________、________________、________________和________________等。

10. 砂轮磨钝的形式有_______________、_________________、_________________三种。

11. 磨削过程中，可将砂轮表面微刃的钝化过程划分为__________________、__________________、__________________三个阶段。

二、判断题（对的打“√”，错的打“×”）

1. 砂轮上的每颗磨粒相当于一把锋利的刀齿，能切除工件表面极薄的表面层。（　　）

2. 砂轮是由大量细小极硬的磨粒组成的紧密体。（　　）

3. 组成磨粒的硬质材料称为磨料。（　　）

4. 磨削过程中砂轮的磨粒会逐渐变钝。（ ）
5. 砂轮在磨削过程中具有自锐性。（ ）
6. 在磨削过程中，砂轮钝化的磨粒必须用金刚石修去，以保持其锋利。（ ）
7. 磨料可以分为普通磨料、硬质磨料和超硬磨料三大类。（ ）
8. 刚玉类磨料的主要成分是氧化铝。（ ）
9. 砂轮的粒度表示磨粒尺寸的大小，粒度数字越大，磨粒越大。（ ）
10. 砂轮的粒度对磨削工件的表面粗糙度和磨削效率有决定性的影响。（ ）
11. 硬度较高的砂轮具有比较好的自锐性。（ ）
12. 砂轮的硬度不应该认为是磨粒的硬度，而是结合剂的硬度。（ ）
13. 磨削加工只能磨硬材料，不能磨软材料。（ ）
14. 砂轮有不同的形状和尺寸，适用于不同的磨削加工。（ ）
15. 磨削各种不同的工件时必须考虑到所用砂轮的特征。（ ）
16. 磨削普通材料工件可选用白刚玉砂轮。（ ）
17. 棕刚玉砂轮一般用于磨削硬质合金材料。（ ）
18. 工件为淬火钢、合金钢时，可选用白刚玉、铬刚玉砂轮进行磨削加工。（ ）
19. 硬质合金材料可选用绿色碳化硅或人造金刚石砂轮进行磨削加工。（ ）
20. 精磨时应选用细粒度的砂轮。（ ）
21. 砂轮硬度的选择主要取决于被磨削工件的加工精度。（ ）
22. 硬度高的砂轮，磨粒不易过早脱落，能在较长时间内保持磨粒微刃的锋利。（ ）
23. 在磨削较硬的材料时可以选用硬一些的砂轮。（ ）
24. 砂轮装夹、调整不当会有破碎的危险。（ ）
25. 砂轮装夹前要检查是否有裂纹。（ ）
26. 在装夹砂轮时，为了装夹牢固、可靠，在砂轮和法兰盘间不得加垫纸片。（ ）
27. 对砂轮进行静平衡时，必须将砂轮连同安装好的法兰盘一起进行平衡。（ ）
28. 砂轮的平衡是在专用的平衡机上进行的。（ ）
29. 砂轮的不平衡量是通过调整法兰盘上端面环槽内的平衡块位置进行消除的。（ ）
30. 经过二次平衡后的砂轮才能保证在磨床上稳定地旋转，不会产生跳动。（ ）
31. 用金刚石笔修整砂轮时，笔尖要高于砂轮中心 1～2 mm。（ ）
32. 修整外圆砂轮时，一般先修整砂轮端面，然后再修整砂轮的圆周面。（ ）

三、选择题（将正确答案的序号填入括号内）

1. 磨削较软的材料时，磨粒不易变钝，可以选择（ ）一些的砂轮。
   A. 较软 B. 软 C. 较硬 D. 硬
2. 砂轮是由（ ）的磨粒用结合剂黏结而成的。
   A. 无数均匀 B. 均匀排列 C. 任意分布 D. 杂乱分布
3. 磨粒的材料称为（ ）。
   A. 磨粉 B. 微粉 C. 金刚砂 D. 磨料
4. 磨削过程中，砂轮的磨粒逐渐变钝，钝化的磨粒崩碎或（ ），又出现锋利的磨粒。

A. 挤压脱落　B. 强制脱落　C. 自行脱落　D. 逐渐脱落

5. （　）是构成砂轮的主体材料。

A. 磨粒　B. 磨粉　C. 砂粒　D. 磨料

6. （　）磨料主要有刚玉类和碳化物类等。

A. 普通　B. 硬度　C. 超硬　D. 特硬

7. （　）磨料主要有金刚石类和立方氮化硼类等。

A. 普通　B. 硬度　C. 超硬　D. 特硬

8. 刚玉类磨料是以（　）等为原料在高温电炉中熔炼而成的。

A. 刚玉　B. 铝矾土　C. 铝氧粉　D. 氧化铝

9. （　）磨料是以硅石或硼砂和焦炭为原料在高温电炉中熔炼而成的。

A. 刚玉类　B. 碳化物类　C. 普通类　D. 超硬类

10. 砂轮的（　）对工件的表面粗糙度和磨削效率有较大影响。

A. 硬度　B. 尺寸　C. 组织　D. 粒度

11. 用来将散碎的磨粒黏结在一起成为砂轮的物质叫作（　）。

A. 结合剂　B. 黏合剂　C. 黏结剂　D. 黏胶

12. 砂轮的硬度是指结合剂在外力作用下抵抗磨粒从砂轮表面脱落的（　）。

A. 能力　B. 阻力　C. 速度　D. 数量

13. 砂轮磨粒和磨粒之间还有孔隙，这些孔隙的大小各不相等，即砂轮的（　）不同。

A. 组织　B. 强度　C. 硬度　D. 粒度

14. 砂轮所含（　）比例越大，组织越紧密。

A. 磨料　B. 磨粒　C. 结合剂　D. 孔隙

15. 磨削各种不同的工件必须考虑到所用砂轮的（　）。

A. 尺寸　B. 硬度　C. 粒度　D. 特性

16. 工件材料为铸铁、铜，可选择（　）磨料的砂轮。

A. 棕刚玉　B. 白刚玉或铬刚玉

C. 黑色碳化硅　D. 绿色碳化硅或人造金刚石

17. 工件材料为硬质合金，可选择（　）磨料的砂轮。

A. 棕刚玉　B. 白刚玉或铬刚玉

C. 黑色碳化硅　D. 绿色碳化硅或人造金刚石

18. 棕刚玉砂轮主要用来磨削（　）工件。

A. 普通材料　B. 淬火钢　C. 铸铁、铜　D. 硬质合金

19. 白刚玉或铬刚玉砂轮主要用来磨削（　）工件。

A. 淬火钢、合金钢　B. 普通材料

C. 铸铁、铜　D. 硬质合金

20. 黑色碳化硅砂轮主要用来磨削（　）工件。

A. 普通材料　B. 淬火钢、合金钢

C. 铸铁、铜　D. 硬质合金

21. 砂轮（　）的选择主要取决于被磨削工件所要求的尺寸精度、几何精度、表面粗

糙度、效率等因素。

A. 粒度　　B. 硬度　　C. 尺寸　　D. 组织

22. 砂轮（　　）的选择主要取决于被磨削的材料。

A. 粒度　　B. 硬度　　C. 尺寸　　D. 组织

23. 磨削（　　）的材料时，磨粒不易变钝，可以选择硬一些的砂轮。

A. 较软　　B. 软　　C. 较硬　　D. 硬

24. 砂轮在工作时具有极高的转速，若装夹时调整及紧固不当，会有（　　）的危险。

A. 振动　　B. 失去平衡　　C. 破碎　　D. 粉碎

25. 为了使砂轮装夹牢固，在砂轮和法兰盘之间要垫（　　）。

A. 垫片　　B. 纸片　　C. 铜箔　　D. 软金属垫

26. 为了使砂轮精确而（　　）地工作，砂轮必须经过平衡。

A. 平稳　　B. 连续　　C. 稳定　　D. 有效

27. 对砂轮进行静平衡时，应轻放在（　　）上，让砂轮自由转动。

A. 平衡架　　B. 平衡机　　C. 平衡座　　D. 平衡心轴

28. 经过平衡后的砂轮装在机床上进行修整，将砂轮（　　）修出后再进行第二次平衡，这样砂轮才能稳定地旋转，不会产生跳动。

A. 外圆　　B. 内孔　　C. 左端面　　D. 右端面

E. 尖角　　F. 两端面

29. 修整砂轮用的金刚钻尖端应研成（　　）的尖角。

A. 50°～60°　　B. 60°～70°　　C. 70°～80°

30. 安装外圆砂轮时，砂轮内孔与法兰盘底座定心轴颈之间的配合间隙一般为（　　）mm。

A. 0.02～0.05　　B. 0.1～0.2　　C. 0.2～0.3

31. 用金刚钻笔修整砂轮时，金刚钻笔轴线应（　　）安装。

A. 保持水平　　B. 向下倾斜 5°～10°

C. 向下倾斜 15°～30°

四、名词解释

1. 磨料

2. 结合剂

3. 砂轮的硬度

4. 最高工作速度

五、简答题

1. 选择磨料时应考虑哪些因素？选择原则是什么？

2. 砂轮硬度选择的一般原则是什么？

3. 说明陶瓷结合剂的性能特点。

4. 简述砂轮静平衡的步骤。

5. 试述砂轮磨钝的原因和修整的方法。

六、计算题

已知一内圆砂轮直径为 30 mm，转速为 19 200 r/min，此时砂轮的圆周速度是否为安全工作速度？

课题四　磨削原理

一、填空题

1. 磨削加工实质是工件被磨削的金属表层在无数磨粒磨刃的瞬间__________、__________、__________、__________作用下进行的。

2. 磨削力在空间上可分解为三个分力：__________、__________、__________。

3. 影响磨削热的因素是被磨材料的__________、__________和__________。

二、判断题（对的打"√"，错的打"×"）

1. 金属磨削过程可依次分为滑擦、刻划和切削三个阶段。（　）
2. 磨削时，在砂轮与工件上作用的磨削力是不相等的。（　）
3. 一般径向磨削分力是切向磨削分力的2～3倍。（　）
4. 被磨材料越硬，磨削力越大。（　）
5. 磨削区域的高温会引起工件的热变形，但不会影响加工精度。（　）

三、简答题

1. 磨削过程中磨粒与工件间发生哪三个作用？

2. 什么是磨削力？对加工有什么影响？

课题五　磨削用量的概念

一、填空题

1. 磨削运动分为____________和______________两种。

2. 磨削用量是用来表示磨削加工中______________及______________参数的速度或数量。

3. 外圆磨削的磨削用量包括_______________、_______________、纵向进给量、背吃刀量。

4. 砂轮圆周速度对磨削工件的______________和______________有直接影响。

二、判断题（对的打“√”，错的打“×”）

1. 砂轮的圆周速度又称为磨削速度。（　　）
2. 砂轮外圆磨削表面上任意一点在单位时间内所经过的路程称为工件圆周速度。（　　）
3. 被磨削工件转一周相对于砂轮所移动的纵向距离叫作纵向进给量。（　　）
4. 外圆磨削时，工件的旋转运动是主运动。（　　）
5. 磨削的进给运动主要是由砂轮实现的。（　　）
6. 砂轮的旋转运动能切除工件表层的金属，使工件形成新的表面，所以它是进给运动。（　　）

三、选择题（将正确答案的序号填入括号内）

1. 砂轮圆周速度是砂轮外圆表面上任一（　　）在单位时间内所经过的磨削距离。

   A. 点　　B. 磨粒　　C. 磨料　　D. 切线

2. 磨削一般外圆和平面时选择的磨削速度为（　　）m/s。

   A. 10～20　　B. 20～30　　C. 30～35　　D. 35～40

3. 被磨削工件转一周相对于砂轮所移动的纵向距离叫作（　　）。

   A. 纵向移动量　　B. 背吃刀量　　C. 纵向进给量　　D. 纵切量

4. 磨削时的纵向进给量与（　　）有关。

   A. 砂轮圆周速度　　B. 工件圆周速度
   C. 砂轮磨削深度　　D. 工作台纵向速度
   E. 纵向进给量　　F. 横向进给量

5. 磨削时，在（　　）砂轮向工件横向移动的距离叫作横向进给量。

   A. 每次行程开始前　　B. 每次行程结束后
   C. 每两次行程开始前　　D. 每两次行程结束后

6. 磨削时背吃刀量很小，一般在（　　）mm 之间。

   A. 0.002～0.08　　B. 0.005～0.04　　C. 0.002～0.01　　D. 0.002～0.005

7. （　　）与磨床工作台纵向速度和工件转速有关。

A. 横向进给量　　B. 纵向进给量　　C. 砂轮转速　　D. 磨削深度

8. 工件圆周速度比砂轮圆周速度低得多，一般为（　　）m/min。

A. 13～20　　B. 5～8　　C. 10～15　　D. 100～200

9. 纵向进给量一般不超过砂轮宽度的（　　）。

A. 1 倍　　B. 1/3　　C. 一半　　D. 全长

10. 在磨削过程中，与磨削加工直接有关的要素有（　　）。

A. 砂轮圆周速度　　B. 工件圆周速度

C. 砂轮磨削深度　　D. 工作台纵向速度

E. 纵向进给量　　F. 横向进给量

四、名词解释

1. 主运动

2. 进给运动

3. 砂轮圆周速度

4. 工件圆周速度

5. 背吃刀量

五、计算题

1. 已知砂轮直径为 500 mm，砂轮转速为 1 340 r/min，试求砂轮圆周速度。

2. 磨削工件的直径为 30 mm，若选取工件圆周速度为 30 m/s，试求工件的转速。

3. 已知砂轮宽度 B=40 mm，工件转速为 224 r/min，选择纵向进给量为 0.5 B，试求工作台纵向运动速度。

4. 磨削直径为 50 mm 工件的外圆，砂轮直径为 400 mm，砂轮转速为 1 680 r/min，试求工件的转速。

课题六　切　削　液

一、填空题

1. 磨削时使用的切削液可分为________、________和________三大类。

2. 切削液的冷却方式分为________和________两种。目前常用外冷却法，切削液浇注在砂轮与工件接触处，但切削液不能全部进入磨削区域。

3. 乳化液是________和________的混合体。乳化油由________和________配制而成。

4. 切削液的主要作用为________、________、________和________。

5. 合理选用切削液，可以减小________，________，提高已加工表面质量。

二、判断题（对的打"√"，错的打"×"）

1. 切削液应根据被磨削材料的不同合理选用。（　）

2. 切削液应有良好的润滑性能，能减小砂轮与工件之间的摩擦。（　）

三、选择题（将正确答案的序号填入括号内）

1. 切削液要有良好的（　），能带走磨削区域产生的高热。

A. 散热性　B. 冷却性　C. 冷却效果　D. 导热性

2. 切削液的（　）大，使用时要有一定的压力、充足的流量及合理的引送方法。

A. 流动性　B. 导热性　C. 热导率　D. 化学稳定性

3. 磨削过程中，切削液的冷却作用表现为（　）。

A. 良好的散热性　B. 良好的导热性

C. 良好的流动性　D. 能带走磨削区域产生的高热

E. 能降低磨削区域产生的高热　F. 能消除磨削区域产生的高热

4. 磨削时使用的切削液的润滑作用表现为（　　）。

A. 具有良好的流动性　　B. 具有合适的黏度

C. 具有适当的润滑作用　　D. 能渗入磨削区域内

E. 能减小砂轮与工件之间的摩擦　　F. 能提高磨削效率

5. 在磨削过程中，切削液的清洗作用表现为（　　）。

A. 将黏附在砂轮上的磨粒、磨屑冲掉

B. 将黏附在工件上的磨粒、磨屑冲掉

C. 减少砂轮堵塞

D. 防止工件表面划伤

E. 提高磨削效率

F. 提高磨削表面质量

四、简答题

试述切削液的作用、种类及特点。

第二单元　外圆柱面磨削

课题一　外圆磨床的操纵与调整

一、填空题

1. 外圆磨削后的尺寸公差等级可达________级，表面粗糙度 Ra 值达________μm。

2. 外圆磨床主要由________，________，________，________，________，液压、机械传动操纵机构及电气操纵箱组成。

3. 在下工作台前侧的 T 形槽内装有两块行程挡铁，调整挡铁的位置即可控制________的行程。

二、判断题（对的打“√”，错的打“×”）

1. M1432A 型万能外圆磨床头架顶尖孔锥度为莫氏 No. 3。（　）
2. M1432A 型万能外圆磨床工作台最大回转角度为逆时针 12°。（　）

三、简答题

1. 万能外圆磨床有哪些主要部件？各部件有什么作用？

2. 如何调整头架的零位和纵向位置？

3. 尾座顶尖顶紧力的大小如何调整？

课题二 光轴、接刀轴磨削

一、填空题

1. 工件的装夹包括____________和____________两部分。

2. 中心孔按其形状分为________________、__________________及有内螺纹和保护锥中心孔三种。

3. 普通中心孔由____________和____________两部分组成。

4. 外圆砂轮一般为________________，而砂轮尺寸则按____________选用。

5. 磨削容易变形的工件时应选用硬度____________的砂轮。

6. 砂轮磨粒的粗细程度直接影响到工件的____________和砂轮的磨削性能。

7. 当轴的直径小于 80 mm、长度与直径比大于 10 时，磨削余量一般为________mm。

8. 工件圆周速度增大时，________________________________，从而可提高磨削生产效率。

9. 背吃刀量增大时，生产效率提高，工件表面粗糙度值增大，砂轮容易变钝。一般 $a_p=$____________mm，精磨时 $a_p<$____________mm。

10. 在磨削外圆柱面时，为了保证被磨零件不产生圆柱度误差，首先要找正工作台的正确位置。在加工中调整上工作台，保证被磨工件的回转轴线与__________________平行。

11. 磨床工作台的调整方法有________________、________________和用标准样棒找正。

12. 切入磨削法又称____________。

13. 纵向磨削法磨削时，砂轮超越工件两端的长度一般为砂轮宽度的__________。

14. 纵向磨削法磨削时，磨削力较小，适用于________________工件的磨削。

15. 切入法因受砂轮宽度的限制，只适用于磨削__________________的外圆表面。

16. 分段磨削法又称综合磨削法。它是______________、______________的综合应用，即先用________________将工件分段进行粗磨，留 0.03～0.04 mm 余量，最后用______________精磨至所要求的尺寸。

17. 深度磨削法的加工精度可稳定达到公差等级____________级，表面粗糙度 Ra 值为____________μm，并有极高的生产效率。

18. 深度磨削法的特点如下：

（1）＿＿＿＿＿＿＿＿＿＿＿＿＿＿＿＿＿＿＿＿＿＿＿＿＿＿＿＿＿＿＿＿＿＿＿＿＿＿。

（2）＿＿＿＿＿＿＿＿＿＿＿＿＿＿＿＿＿＿＿＿＿＿＿＿＿＿＿＿＿＿＿＿＿＿＿＿＿＿。

（3）磨削时采用较小的单方向纵向进给，砂轮纵向进给方向应面向头架并锁紧尾座套筒，以防止工件脱落。砂轮的硬度应适中，且有良好的磨削性能。

二、判断题（对的打"√"，错的打"×"）

1. 一般轴类工件两端都有中心孔，是为了磨削时起定位作用，也是测量的基准。（　　）

2. 磨削前装夹工件时，要将中心孔清洗干净，并注入润滑脂，以减小摩擦，降低磨削温度。（　　）

3. 磨床上用的顶尖头部是莫氏锥体，柄部则制成60°锥体。（　　）

4. 顶尖60°圆锥的角度与工件中心孔配合，它的形状正确与否对加工质量没有很大影响。（　　）

5. 顶尖的柄部与头部应有高的同轴度，柄部的莫氏圆锥与头架、尾座的锥孔应有较大的接触面。（　　）

6. 方形夹头用于中、小型工件的装夹。（　　）

7. 带微锥的圆锥心轴主要靠螺母将工件紧固。（　　）

8. 磨削空心工件外圆时常用心轴装夹工件。（　　）

9. 弹簧套心轴利用弹簧套的弹性变形自动定心夹紧工件，有较高的定位精度。（　　）

10. 磨削细长轴或薄壁套外圆时应选用较硬的砂轮。（　　）

11. 精磨时砂轮的硬度应比粗磨时适当低一些。（　　）

12. 粗磨时，要求在较短的时间内切除工件大部分余量。（　　）

13. 磨削的总余量一般可由粗磨和精磨切除。（　　）

14. 粗磨时，须将砂轮做粗修整，并采用较大的磨削用量。（　　）

15. 需要经过热处理的工件，考虑到热处理变形，磨削余量应大些。（　　）

16. 砂轮的自锐作用可使砂轮保持良好的磨削性能。（　　）

17. 外圆磨削的纵向磨削法能获得较高的加工精度和较小的表面粗糙度值。（　　）

18. 用标准样棒找正主要用于余量极小的工件和超精磨工件的磨削加工。（　　）

19. 对刀找正常用于磨削长度较长的工件。（　　）

20. 用纵向磨削法磨削外圆时，在砂轮整个宽度上磨粒的工作情况是相同的。（　　）

21. 用纵向磨削法磨削外圆时，工件宜采用较高的转速。（　　）

22. 纵向磨削法磨削力较小，适用于细长、精密或薄壁工件的磨削。（　　）

23. 磨削光滑轴时需进行接刀磨削，粗磨、精磨及接刀均采用纵向磨削法。（　　）

24. 切入法不适用于磨削长度较长的外圆表面。（　　）

25. 用切入法磨削外圆时，砂轮工作面上的磨粒负荷基本一致。（　　）

26. 用切入法磨削外圆时，被磨工件外圆长度应小于砂轮宽度。（　　）

27. 深度磨削法又称综合磨削法。（　　）

28. 外圆磨削的深度磨削法是磨削加工中用得较多的一种磨削方法。（　　）

29. 采用深度磨削法磨削外圆时，由于零件的全部磨削余量是用较小的纵向进给量在一

次纵向进给中磨去的，因此生产效率较低。 （　　）

30. 采用深度磨削法的磨床要具有较高的刚度，且功率较大。 （　　）

31. 轴类零件用两顶尖装夹比用卡盘装夹的定位精度高。 （　　）

32. 若头架和尾座的中心连线对工作台运动方向不平行（在垂直平面内），工件外圆将被磨成细腰形。 （　　）

三、选择题（将正确答案的序号填入括号内）

1. （　　）零件多以中心孔作为基准，所以对中心孔要求较高。
   A. 套类　　B. 盘类　　C. 轴类

2. 磨削各种不同的工件必须考虑到所用砂轮的（　　）。
   A. 尺寸　　B. 硬度　　C. 粒度　　D. 特性

3. 磨削（　　）的材料时，磨粒不易变钝，可以选择硬一些的砂轮。
   A. 较软　　B. 软　　C. 较硬　　D. 硬

4. 顶尖有各种类型，可根据工件（　　）的具体情况选择。
   A. 材质　　B. 质量　　C. 磨削直径　　D. 中心孔

5. 工件装夹前要检查、清理或修研中心孔，并注入（　　）。
   A. 润滑脂　　B. 切削油　　C. 润滑油　　D. 润滑剂

6. 磨削时用（　　）夹住工件的一端，由机床头架上拨盘的拨杆带动使工件旋转。
   A. 鸡心夹头　　B. 卡爪　　C. 卡箍　　D. 夹头

7. 一般外圆磨削大多数以两顶尖装夹，安装前需（　　）中心孔。
   A. 加工　　B. 修研　　C. 修正　　D. 研磨

8. 工件为普通材料，可选用（　　）磨料的砂轮磨削。
   A. 棕刚玉　　B. 白刚玉、铬钢玉
   C. 黑色碳化硅　　D. 绿色碳化硅或人造金刚石

9. 由于（　　）磨削深度较小，零件磨削余量要经过多次切除，故生产效率较低。
   A. 纵向磨削法　　B. 深度磨削法　　C. 切入磨削法　　D. 分段磨削法

10. 在（　　）中，工件随工作台行程终了时，砂轮做周期横向进给，每次磨削深度较小，工件磨削余量需要在多次往复行程中磨去。
    A. 纵向磨削法　　B. 深度磨削法　　C. 切入磨削法　　D. 分段磨削法

11. （　　）是生产加工中用得较多的一种磨削方法，零件的全部磨削余量用较小的纵向进给量在一次纵向进给中磨去，因此生产效率高。
    A. 纵向磨削法　　B. 深度磨削法　　C. 切入磨削法　　D. 分段磨削法

12. （　　）能充分发挥所有磨粒的切削作用，故生产效率高。
    A. 纵向磨削法　　B. 深度磨削法　　C. 切入磨削法　　D. 分段磨削法

13. 由于（　　）磨削时径向力较大，工件极易产生弯曲变形，故不适合磨削细长的零件。
    A. 纵向磨削法　　B. 深度磨削法　　C. 切入磨削法　　D. 分段磨削法

14. 采用（　　）时，可根据零件的几何形状将砂轮修整为成形砂轮来加工成形面。
    A. 纵向磨削法　　B. 深度磨削法　　C. 切入磨削法　　D. 分段磨削法

15. 采用（　　）时，要锁紧尾座套筒，防止工件脱落。

A. 纵向磨削法　B. 深度磨削法　C. 切入磨削法　D. 分段磨削法

16. 采用（　　）时，切削液要充分，防止工件磨削时发热变形。

A. 纵向磨削法　B. 深度磨削法

C. 切入磨削法　D. 分段磨削法

17. 粗磨时需磨去上道工序留下的（　　）。

A. 加工余量　B. 尺寸误差　C. 形状误差　D. 刀痕

18. 粗磨时可将砂轮修整得粗一些，这样可以减少工件表面的（　　）。

A. 刀痕　B. 划伤　C. 烧伤　D. 裂纹

19. 精磨是在粗磨的基础上进行（　　）的磨削。

A. 精密　B. 少量　C. 精细　D. 精确

20. 粗磨时用（　　）的磨床磨削，精磨时用精度高的磨床磨削。

A. 刚度高　B. 精度低　C. 刚度较差　D. 一般精度

21. 精磨时，工件的（　　）和变形基本被消除了，磨削余量较小，因此能保证加工精度的稳定性。

A. 形状误差　B. 尺寸误差　C. 表面刀痕　D. 内应力

22. 磨削工件为淬火钢、合金钢，可选用（　　）磨料的砂轮。

A. 棕刚玉　B. 白刚玉　C. 铬刚玉　D. 黑色碳化硅

E. 绿色碳化硅　F. 人造金刚石

23. 一般粗磨时要求（　　），故选择粗粒度砂轮。

A. 几何精度差　B. 表面粗糙度值大

C. 尺寸精度低　D. 磨削量大

E. 效率高　F. 切削速度高

24. 粒度为 F60～F80 的砂轮一般用于（　　）。

A. 粗磨　B. 半精磨　C. 精磨　D. 精密磨削

E. 超精磨削　F. 镜面磨削

25. 砂轮硬度的选择主要取决于被磨削材料，磨削较软的材料时可以选用硬一些的砂轮，以便（　　），利于切削。

A. 使磨粒不易过早脱落　B. 较长时间保持磨粒微刃的锋利

C. 保持较好的自锐性　D. 延长砂轮的使用寿命

E. 减小磨削力且减少热量　F. 提高磨削效率

26. 砂轮硬度的选择主要取决于被磨削材料，磨削较硬的材料时应选用软砂轮，以便（　　），利于切削。

A. 使磨粒不易过早脱落　B. 较长时间保持磨粒微刃的锋利

C. 保持较好的自锐性　D. 延长砂轮的使用寿命

E. 减小磨削力且减少热量　F. 提高磨削效率

27. 用外圆磨床磨削工件时，工件的装夹包括（　　）等部分。

A. 安装　B. 找正　C. 定位　D. 固定

E. 夹紧　F. 锁紧

28. 外圆磨床磨削工件常用的装夹方法是（　　）。

A. 装夹在两顶尖间　　B. 用中心架装夹
C. 用跟刀架装夹　　D. 用卡盘装夹
E. 用花盘装夹　　F. 用心轴装夹

29. 顶尖的柄部制成莫氏锥体，能精确地装夹在外圆磨床的（　　）锥孔中。

A. 砂轮架　　B. 头架　　C. 中心架　　D. 跟刀架
E. 尾座　　F. 内圆磨具头架

30. 用两顶尖装夹是外圆磨削常用的方法，它具有（　　）的特点。

A. 装夹方便　　B. 制造容易　　C. 定位精度高
D. 使用寿命长　　E. 对中性好　　F. 不损伤工件加工面

31. 磨削空心工件外圆时常用心轴装夹，心轴可根据不同的工件制成（　　）等类型。

A. 弹性可胀心轴　　B. 锥度心轴
C. 带台肩圆柱心轴　　D. 微锥圆柱心轴
E. 两端 60°锥体心轴　　F. 液性塑料心轴

32. 棕刚玉砂轮适用于磨削抗拉强度较高的金属材料，如（　　）。

A. 高碳钢　　B. 淬火钢　　C. 碳素钢　　D. 合金钢
E. 可锻铸铁　　F. 硬青铜

33. 白刚玉磨料性质包括（　　），适用于磨削淬火钢、合金钢、高碳钢和成形磨削。

A. 硬而脆　　B. 韧度大　　C. 强度高　　D. 自锐性好
E. 耐热性好　　F. 价格低廉

34. 黑色碳化硅砂轮（　　），适合磨削铸铁、黄铜等抗拉强度较低的金属材料。

A. 硬度高　　B. 强度高　　C. 韧性好　　D. 自锐性好
E. 价格低廉　　F. 脆性大

35. 黑色碳化硅砂轮适合加工（　　）等非金属材料。

A. 宝石　　B. 光学玻璃　　C. 玉器　　D. 橡胶
E. 塑料　　F. 陶瓷

36. 为了提高磨削的加工精度，有些零件应分（　　）。

A. 荒磨　　B. 粗磨　　C. 半精磨　　D. 精磨
E. 超精磨　　F. 研磨

37. 外圆磨削时，（　　）提高会使工件表面粗糙度值降低。

A. 砂轮圆周速度　　B. 工件圆周速度
C. 纵向进给量

38. 精磨外圆时，背吃刀量通常取（　　）。

A. 0.01 mm 以下　　B. 0.01～0.03 mm
C. 0.05～0.10 mm

39. 顶尖的锥面与工件中心孔配合的接触面积应大于（　　）。

A. 60%　　B. 70%　　C. 80%

40. 夹头主要起（　　）作用。

A. 夹紧　　B. 定位　　C. 传动

41. 万能外圆磨床的砂轮架安装在床身垫板的横向导轨上，可使砂轮实现（　　）运动。

A. 垂向　　B. 纵向　　C. 横向

42. 外圆磨削的主运动是（　　）。

A. 工件的圆周进给运动

B. 砂轮的高速旋转运动

C. 工件的纵向进给运动

43. 采用（　　）传动可以使磨床运动平稳，并可实现较大范围内的无级变速。

A. 齿轮　　B. 带　　C. 液压

四、简答题

1. 外圆磨削有哪几种方法？各有什么特点？

2. 试述顶尖的种类和结构。

3. 试述夹头的种类及应用。

4. 如何调整工作台才能使工件中心与工作台纵向运动方向平行？

5. 磨削加工有哪些特点？

课题三　台阶轴的磨削

一、填空题

1. 台阶轴磨削包括______________和______________的磨削。台阶轴和无台阶轴相比较，不但有______________、______________及______________要求，而且还有位置公差要求。

2. 当工件的磨削长度小于砂轮宽度时，可采用______________。当工件的磨削长度大于砂轮宽度时，可采用______________。

3. 台阶轴端面一般是在外圆磨床上与外圆柱面一次装夹中用砂轮____________磨出。

二、判断题（对的打“√”，错的打“×”）

1. 端面、外圆磨削时，砂轮斜向切入，可同时磨削工件的圆柱面和轴肩面。（　　）

2. 磨削台阶轴端面时，须将砂轮端面修成内凹形。（　　）

3. 工件端面的磨削花纹为单向曲线时，端面往往成内凹形。（　　）

4. 工件端面被磨成单向花纹，说明端面被磨得很平整。（　　）

5. 磨削同轴度要求较高的台阶轴轴颈时，应尽可能在一次装夹中将工件各表面精磨完毕。（　　）

6. 磨削轴肩端面时，砂轮主轴中心线与工件运动方向不平行会造成端面内部凹进。（　　）

三、选择题（将正确答案的序号填入括号内）

1. 磨削台阶轴端面时，需将砂轮端面修整成（　　）形。

A. 平　　B. 内凸　　C. 内凹

2. 用纵向磨削法磨削外圆，当砂轮磨削至轴肩一边时，要使工作台（　　），以防出现凸缘或锥度。

A. 立即退出　　B. 停留片刻　　C. 缓慢移动

3. 工件端面的磨削花纹可反映端面是否平整，当端面为双花纹时，表示端面（　　）。

A. 内凹　　B. 平整　　C. 内凸

四、简答题

1. 简述台阶轴的磨削方法。

2. 如何磨削工件的端面？如何从磨削花纹判断端面的精度？

课题四　精度检验及误差分析

一、填空题

1. 使用外径千分尺测量前应清理________________并校对________________。

2. 千分尺的读数分为两步，先读出固定套筒上露出的刻线________________；然后在微分筒上看哪一格与固定套筒基准线对准，并读出________________；最后将整数和小数部分相加，即为工件的尺寸。

3. 游标卡尺读数时，首先读出________________________，然后再看________________________，最后把尺身与游标的读数相加即可。

二、判断题（对的打“√”，错的打“×”）

1. 杠杆式百分表是一种根据螺旋副的运动原理将表杆的直线运动转变为指针的旋转运动来进行测量的量具。（　　）

2. 用千分尺可以正确读出千分之一毫米的量值。（　　）

3. 使用千分尺测量时，应通过旋转测力装置来转动测量螺杆，使测量面保持准确的测量压力。（　　）

4. 千分表是一种根据螺旋副的运动原理来进行测量的量具。（　　）

5. 工件圆跳动误差的测量分为工件径向圆跳动误差测量和轴向圆跳动误差测量。（　　）

6. 工件的圆度误差是用同一横截面内最大直径和最小直径之差来表示的。（　　）

7. 用千分尺测量同一截面的圆度误差时，应相对 120°角分别测量 3 次，最大直径和最小直径之差就是圆度误差。（　　）

三、选择题（将正确答案的序号填入括号内）

1. 千分尺是根据（　　）的运动原理来进行测量的量具。

A. 游标　　B. 杠杆　　C. 螺旋副　　D. 齿轮齿条副

2. 在千分尺的测微螺杆上有精密螺纹，其螺距为（　　）mm。

A. 0.1　　B. 0.2　　C. 0.25　　D. 0.5

3. 千分尺的螺旋读数机构可以正确读出（　　）mm。

A. 0.001　　B. 0.005　　C. 0.02　　D. 0.01

4. 千分尺测量范围为（　　）mm。

A. 100　　B. 50　　C. 25　　D. 10

5. 百分表多为（　　）。

A. 游标式　　B. 杠杆式　　C. 螺旋副式　　D. 齿轮式

6. 用千分尺测量工件时，应先读固定套筒上的数值，再读（　　）的横线所对齐的数值，然后把两者数字相加，即为工件的实际尺寸。

A. 测量面　　B. 活动套筒　　C. 测力装置　　D. 螺杆
E. 弓架　　F. 固定套筒

7. 百分表可以测量工件的（　　），将百分表装在测量杆上就可以比较测量工件孔径。
A. 圆柱度　　B. 圆度　　C. 垂直度　　D. 圆跳动

四、简答题

1. 影响工件表面粗糙度的因素有哪些?

2. 工件表面有螺旋形痕迹的原因是什么？如何防止?

3. 外圆磨削时，工件产生直波形振痕的主要原因是什么?

第三单元 内圆磨削

课题一 内圆磨床的操纵与调整

一、填空题

1. 内圆磨削的尺寸精度一般可达________级，表面粗糙度 Ra 值可达____________μm。

2. 内圆磨削时，磨削速度一般为__________。

3. M2110A 型内圆磨床由________、________、________、________和________等部件组成。

4. M2110A 型内圆磨床主轴箱主轴的转速有________、________、________、________四挡位置可供选择。

二、判断题（对的打“√”，错的打“×”）

1. 用砂轮修整器修整砂轮时，动作选择旋钮转到“磨削”的位置。 （ ）

2. M2110A 型内圆磨床的头架最大回转角为 12°。 （ ）

3. 内圆磨床每次启动油泵后，首先必须使工作台退到底，让油泵自动进行排气，然后开始工作，否则工作台会产生爬行现象。 （ ）

4. 万能外圆磨床在进行内圆磨削时，要将快速进退手柄调整到“进”的位置，才能使头架转动。调整应在油泵开启前进行，否则无法进行调整。 （ ）

三、简答题

1. 工作台在磨削位置时挡铁距离和运动速度如何调整？

2. 万能外圆磨床在内圆磨削时内圆磨具的位置如何调整？

课题二 通 孔 磨 削

一、填空题

1. 内圆磨削时，由于砂轮与工件成内切圆接触，砂轮与工件的磨削弧比外圆磨削大，因此____________都比较大，磨粒容易磨钝，工件容易____________。

2. 工作台的行程长度 L 应根据____________和____________计算。

3. 砂轮退出内孔表面时，先要将砂轮从____________退出，然后再在纵向进给方向退出，以免工件表面产生螺旋形痕迹。

4. 内圆磨削时，内圆砂轮直径与孔径应有适当的比值，这一比值通常为____________。

5. 内圆磨削的____________较大，工件散热条件差，只有充分发挥砂轮的自锐性，才能减小磨削力和磨削热。所以应该选用____________的砂轮。

6. 内圆磨削常用的砂轮形状有____________、____________两种。单面凹砂轮除磨削内孔外，还可磨削台阶孔的端面。

7. 接长轴尺寸要根据____________而定，接长轴圆柱体直径则根据____________来确定，长度根据____________来确定。

8. 内圆砂轮紧固有____________和____________两种方法。

9. 内圆磨削时砂轮的磨削位置可分为以下两种情况：

(1) ________________________。

(2) ________________________。

二、判断题（对的打“√”，错的打“×”）

1. 内圆磨削是工件上通孔的精加工方法。 （ ）

2. 与铰削、研磨相比，孔磨削加工范围较大，精度较高，效率也高。 （ ）

3. 内圆磨削砂轮的宽度是由工件上孔的直径确定的。 （ ）

4. 通常内圆磨削所用的砂轮硬度比外圆磨削所用的砂轮硬度要软。 （ ）

5. 由于内圆磨削排屑较困难，为避免塞实，砂轮组织要比外圆磨削时疏松。 （ ）

6. 内圆磨削的砂轮直径小，在相同的圆周速度下其磨粒在单位时间内参加切削的次数比外圆磨削要增加10～20倍。 （ ）

7. 内圆磨削的纵向进给量应比外圆磨削大些，有利于工件散热。 （ ）

8. 用纵向磨削法磨削内圆时，砂轮超越孔口的长度一般为砂轮宽度的1/3～1/2。 （ ）

9. 一般砂轮主轴上紧固砂轮用螺钉的螺纹为右旋。 （ ）

10. 装夹外形不规则的工件或定心精度较高的套类工件时可采用三爪自定心卡盘。 （ ）

11. 工件以与孔的轴线相垂直的端面定位时，可采用花盘装夹。 （ ）

12. 用四爪单动卡盘装夹工件时，卡爪夹紧长度越长越好。 （ ）

13. 内圆磨削工件产生喇叭口，主要原因是砂轮磨钝。 （ ）

14. 磨削深孔和经热处理的孔时，其余量应小一些。 （ ）

三、选择题（将正确答案的序号填入括号内）

1. 内圆磨削是内孔的精加工方法，它可以加工工件上的（ ）等。

A. 平行孔　B. 对称孔　C. 盲孔　D. 通孔　E. 台阶孔

2. 用纵向法磨削内圆时，砂轮超越孔口的长度一般为砂轮宽度的（ ）。

A. 1/5～1/3　B. 1/3～1/2　C. 1/2～2/3

3. 内圆磨削时，砂轮外圆与工件内孔成（ ）接触。

A. 内接圆　B. 外接圆　C. 内切圆　D. 外切圆

4. 内圆磨削时，粗磨留给精磨的余量一般取（ ）mm。

A. 0.02～0.04　B. 0.04～0.08　C. 0.08～0.10

5. 内圆磨削时，砂轮直径与工件直径的比值通常为0.5～0.9，当工件孔径较小时，其比值应取（ ）。

A. 大些　B. 小些　C. 中间值

6. 当磨削工件的孔径为（ ）mm时，砂轮直径尺寸是孔直径的0.6～0.9倍。

A. 30～40　B. 50～80　C. 50～100　D. 50～150

7. 砂轮退出内孔表面时，先要将砂轮从横向退出，然后再在纵向进给方向退出，以免工件产生（ ）痕迹。

A. 直波纹　B. 波浪纹　C. 螺旋形

8. 磨削软金属和有色金属材料时，为防止磨削时产生堵塞现象，应选择（ ）的砂轮。

A. 粗粒度、较低硬度　　B. 粗粒度、较高硬度

C. 细粒度、较高硬度　　D. 细粒度、较低硬度

9. 一般内圆磨削用的砂轮比外圆磨削用的砂轮硬度要软（　　）级。

A. 1～2　　B. 1～3　　C. 2～3　　D. 2～4

10. 用螺纹紧固内圆砂轮时，砂轮内孔与接长轴的配合间隙要适当，不要超过（　　）mm。

A. 0.1　　B. 0.2　　C. 0.4

11. 由于内圆磨削时砂轮与工件有较大的接触弧，为了提高磨粒的切削能力，减少烧伤，应选择（　　）粒度。

A. 细　　B. 较细　　C. 粗　　D. 较粗

12. 内圆砂轮接长轴的锥面与磨头主轴锥孔的接触面要好，一般应不小于（　　）。

A. 70%　　B. 80%　　C. 90%　　D. 60%

13. 内圆磨削时，工件主要用（　　）夹紧，所以在装夹时要特别小心。

A. 花盘　　B. 三爪自定心卡盘

C. 可胀心轴　　D. 卡箍套

14. 三爪自定心卡盘适宜装夹外形简单的（　　）工件，其使用较方便，但精度较低。

A. 轴类　　B. 杆类　　C. 套类　　D. 盘类

15. 四爪单动卡盘有（　　）等装夹工件的方法。

A. 正爪　　B. 反爪　　C. 正撑　　D. 反撑

16. 在四爪单动卡盘上找正工件进行内圆磨削时，大多是以工件的（　　）作为定位基准的。

A. 内孔　　B. 中心孔　　C. 外圆　　D. 台阶面

E. 台肩　　F. 端面

17. 用四爪单动卡盘装夹较长工件时，（　　），可用百分表先校正近卡爪一端，再校正远卡爪一端。

A. 工件夹持部分不要太长　　B. 工件夹持部分不要太短

C. 夹紧力要适度　　D. 夹紧力要足够

E. 夹紧力不要太大　　F. 一端要有支承

18. （　　）有正爪和反爪两种，可根据工件直径大小来选择。

A. 卡箍　　B. 花盘

C. 拨盘　　D. 三爪自定心卡盘

19. 四爪单动卡盘的每一个卡爪都单独由一个（　　）传动。

A. 凸轮　　B. 螺杆　　C. 齿条　　D. 杠杆

20. 使用四爪单动卡盘装夹工件进行磨削时，在卡爪和工件之间要垫上（　　）。

A. 铜片　　B. 纸垫　　C. 薄铁片　　D. 等高块

21. 磨削较长工件的内圆，用四爪单动卡盘装夹时，一般夹持（　　）mm。

A. 5～8　　B. 10～15　　C. 20～30　　D. 5～20

22. 内圆磨削特别能加工（　　）的工件，因此在机械加工中被广泛应用。

A. 淬硬　　B. 精密　　C. 小型　　D. 复杂

四、简答题

1. 内圆磨削有哪些特点?

2. 用四爪单动卡盘和中心架装夹工件有哪些注意事项?

课题三　不通孔和台阶孔磨削

一、填空题

1. 一般选用带台阶的内圆砂轮，在磨台阶孔时，砂轮的直径要小于________________。
2. 台阶砂轮除了修整外圆，还需修整________________。
3. 磨台阶孔时，内孔要在__________________磨完，方可卸下工件。

二、判断题（对的打“√”，错的打“×”）

1. 磨削孔径相差较大的台阶孔时，应按其中的小孔直径来选择砂轮直径。（　）
2. 修整台阶砂轮时，可用砂条或砂轮块将端面修成平面。（　）
3. 磨不通孔和台阶孔前挡铁位置调整时，应使砂轮在里端位置不碰撞工件内端面，外端越出工件 1/5～1/3 砂轮宽度。（　）
4. 磨台阶孔时，内孔可在多次装夹中磨完。（　）
5. 粗磨铸铁孔时，选用砂轮型号为 CF80K。（　）

三、简答题

简述磨削台阶孔的操作步骤及要领。

课题四　精度检验及误差分析

一、填空题

1. 塞规的通端尺寸等于孔的____________________尺寸，止端尺寸等于孔的____________________尺寸。

2. 用内径百分表测量孔径时，活动量杆应在径向方向摆动并找出____________________值，在轴向方向摆动找出____________________值，这两个重合尺寸就是孔径的____________________尺寸。

二、判断题（对的打“√”，错的打“×”）

1. 内圆磨削工件产生喇叭口，主要原因是砂轮磨钝。　（　　）
2. 内圆磨削工件产生螺旋形痕迹，主要原因是纵向进给量太小。　（　　）

三、选择题（将正确答案的序号填入括号内）

1. 内圆磨削时产生的主要缺陷有（　　）。
   A. 产生锥形孔　　B. 产生椭圆形
   C. 产生喇叭口　　D. 产生螺旋形痕迹
   E. 工件表面粗糙度值过大，表面烧伤　　F. 工件同轴度误差超差
2. 磨削内圆时产生锥形孔与砂轮在孔口的越出量有关，主要原因是（　　）。
   A. 砂轮在孔口两端的越出量不等　　B. 砂轮越出孔口太长
   C. 砂轮越出孔口太短

四、简答题

1. 内圆磨削时工件产生锥形孔的原因有哪些?

2. 内圆磨削时工件产生喇叭口的原因是什么?

3. 内圆磨削时工件圆度误差超差的原因是什么?

第四单元　圆锥面磨削

课题一　圆锥基础知识

一、填空题

1. 圆锥面配合的主要特点是：当圆锥角较小时，可传递很大的____________。

2. 磨圆锥面时除了对尺寸公差、形位公差和表面粗糙度的要求外，还有__________或__________的精度要求。

3. 圆锥的四个基本参数为__________、__________、__________和__________。

4. 锥度的数学表达式为 $C=$____________。

5. 常用的标准圆锥有__________圆锥和__________圆锥两种。

6. 莫氏圆锥分成____________________等七个号码，其中最小的是__________号，最大的是__________号。

7. 米制圆锥按尺寸大小不同分成________个号码，它的号码是用圆锥的__________表示的。米制圆锥的锥度都一样，规定 $C=$__________。

二、判断题（对的打“√”，错的打“×”）

1. 圆锥面配合的零件定心精度较高，并能获得较高的同轴度。（　　）
2. 在包含圆锥轴线的截平面上测量的两素线之间的夹角叫作圆锥半角。（　　）
3. 磨床头架主轴锥孔和尾座套筒锥孔常用莫氏圆锥。（　　）
4. 米制圆锥的特点是锥度不变，记忆方便。这类圆锥一般应用于大型机床的主轴孔。（　　）
5. 当工件上的圆柱面和圆锥面精度要求相同时，一般应先磨圆锥面。（　　）
6. 莫氏锥度共分 7 个号码，尺寸大小不一，但锥角是相等的。（　　）

三、选择题（将正确答案的序号填入括号内）

1. 当圆锥面的锥角在（　　）以下时，可传递较大的转矩。

   A. 10°　　B. 5°　　C. 3°

2. 米制圆锥的锥度都一样，规定 $C=$（　　）。

   A. 1∶10　　B. 1∶20　　C. 1∶50

3. Mores No. 3 的圆锥角为（　　）。

   A. 2°52′32″　　B. 2°51′41″　　C. 2°51′26″

4. 在包含圆锥轴线的截平面上两素线之间的夹角称为（　　）。

A. 斜角　　B. 圆锥半角　　C. 圆锥角

四、名词解释

1. 圆锥表面

2. 圆锥

3. 锥度

4. 圆锥半角

5. 圆锥长度

五、计算题

1. 已知一圆锥体，D=50 mm，d=40 mm，L=200 mm。试求圆锥半角$\frac{\alpha}{2}$。（用反三角函数表示）

2. 已知一圆锥体小端直径d=30 mm，锥度C=1∶10，长度L=50 mm。求大端直径。

3. 已知一圆锥体D=50 mm，d=36 mm，L=70 mm。求圆锥的锥度C及圆锥半角$\frac{\alpha}{2}$。（用反三角函数表示）

4. 有一外圆锥，已知大端直径D=58 mm，圆锥长度L=100 mm，锥度C=1∶5。（1）求小端直径。（2）试用近似法计算圆锥半角。

课题二　圆锥面磨削

一、填空题

1. 转动工作台磨外圆锥时，上工作台相对下工作台逆时针转过的角度应等于________________________。

2. 当工件的圆锥半角超过上工作台所能回转的角度时，可采用转动____________来磨削外圆锥。

3. 转动砂轮架磨外圆锥面的加工范围：____________。

4. 用套规检查锥度，如工件大端显示剂被磨去痕迹深，小端痕迹浅或者没有被磨去，说明工件的角度____________。

5. 内圆锥面可以在____________磨床或____________磨床上进行磨削。

6. 磨削圆锥孔时，砂轮直径应小于圆锥孔的____________，一般只要砂轮经过修整后能进入圆锥孔小端，并有____________mm 退刀距离即可。

7. 在万能外圆磨床上，用转动工作台的方法仅限于磨削圆锥角小于____________、____________的内圆锥。

8. 长度____________、锥度____________的工件都采用转动头架磨圆锥孔。

9. 长度较长的工件磨圆锥孔时，通常采用一端用____________夹紧，另一端用____________支撑的方式装夹。

10. 工件磨圆锥孔时，内圆磨具砂轮主轴轴线应与工件回转轴线____________。

二、判断题（对的打“√”，错的打“×”）

1. 在 M1432A 型万能外圆磨床上磨削圆锥半角≥9°的外圆锥面时，可采用转动上工作台的方法。（　　）

2. 转动头架磨外圆锥时，工件不能用顶尖装夹。（　　）

3. 采用转动砂轮架角度磨削外圆锥面时，工作台能作纵向运动。（　　）

4. 圆锥的精度检验包括形状，尺寸，锥度（或角度）和大、小端直径等。（　　）

5. 采用转动上工作台的方法磨削外圆锥面能获得较高的精度，使用也较为广泛。（　　）

6. 当工件的圆锥斜角超过上工作台所能回转的角度时，可采用转动头架角度的方法来磨削圆锥面。（　　）

7. 用成形砂轮磨锥面时，应采用切入磨削法进行磨削。（　　）

8. 当工件的圆锥半角超过工作台所能回转的角度时，可再转动头架角度的方法来磨削圆锥面。（　　）

9. 用转动砂轮架角度的方法磨削外圆锥面时，可采用纵向磨削法进行磨削。（　　）

三、选择题（将正确答案的序号填入括号内）

1. 采用转动工作台的方法磨削外圆锥面时，上工作台可转动的角度一般为顺时针（　　）。

A. 3°　　B. 6°　　C. 9°

2. 当磨削锥度较大而又较长的工件时，只能用转动（　　）的方法来磨削。

A. 上工作台　　B. 头架　　C. 砂轮架

3. 万能外圆磨床上工作台可相对下工作台中心回转一定的角度，以便（　　）。

A. 调整上下工作台的平行度　　B. 调整工作台的运动精度

C. 磨削圆锥面　　D. 磨削锥角较大的圆锥面

4. 万能外圆磨床的砂轮架和头架都可绕垂直线回转一定角度，用于（　　）。

A. 调整旋转轴线与工作台移动方向的平行度

B. 调整机床安装精度

C. 磨削圆锥面工件

D. 磨削锥角较大的圆锥面

四、简答题

1. 在万能外圆磨床上磨削外圆锥体有哪些方法？各适用于什么工件？

2. 转动工作台磨外圆锥时，怎样调整工作台？

3. 转动工作台磨外圆锥有哪些特点?

4. 转动头架磨外圆锥有哪些特点?

5. 转动砂轮架磨外圆锥有哪些特点?

6. 内圆锥的磨削方法有哪几种? 各有什么特点?

7. 简述磨削一般内锥孔的操作步骤。

课题三　精度检验及误差分析

一、判断题（对的打“√”，错的打“×”）

1. 测量圆锥角为10°30′的圆锥体工件时，可用分度值为2′的游标万能角度尺。（　　）

2. 精度较高的工件锥度可用正弦规和百分表进行测量。（　　）

3. 成批生产圆锥角度要求不高而锥角较大、长度又较短的工件，可根据角度大小做成专用的角度样板来测量。（　　）

4. 磨削圆锥时，产生双曲线误差的主要原因是砂轮旋转轴线与工件的旋转轴线不等高。（　　）

5. 圆锥工件表面出现直波纹振痕，主要原因是砂轮不平衡。（　　）

6. 采用圆锥量规检验终磨后的圆锥面时，接触面可不大于75%。（　　）

二、选择题（将正确答案的序号填入括号内）

1. 磨削内锥孔时要选择合适的砂轮，其中包括（　　）的选择。
   A. 磨料　B. 粒度　C. 硬度　D. 结合剂
   E. 直径　F. 组织

2. 圆锥直径的公差通常根据相配零件所允许的（　　）来确定。
   A. 大端直径　B. 小端直径　C. 轴向位移量

3. 磨削精密圆锥工件用涂色法检验时，接触面应大于（　　）。
   A. 75%　B. 80%　C. 85%

4. 用涂色法检验圆锥工件，应保证其接触面靠近（　　）。
   A. 小端　B. 中部　C. 大端

5. 正弦规可用来检验（　　）的锥度。
   A. 内圆锥　B. 外圆锥　C. 内圆锥和外圆锥

6. 磨削圆锥面时，若砂轮旋转轴线与工件旋转轴线不等高，就会产生（　　）误差。
   A. 抛物线　B. 椭圆曲线　C. 双曲线

三、简答题

1. 锥度（或角度）的精度的检验方法有哪几种？

2. 外圆锥面磨削中产生锥度不正确的主要原因有哪些？

3. 磨削内圆锥面时，产生双曲线误差的主要原因是什么？

四、计算题

1. 磨削圆锥半角$\frac{\alpha}{2}=1°26'16''$的外圆锥，用圆锥套规测量时，锥度已磨准确，工件小端离套规台阶中间平面的距离 $a=1.5$ mm。问工件需磨去多少余量，小端直径尺寸才能合格？（$\sin\alpha/2=0.025$）

2. 磨削锥度 $C=1:50$ 的锥孔，锥度已磨准确，但锥孔端面大端离锥度塞规台阶中间平面的距离 $a=2$ mm。问工件需要磨去多少余量，大端直径尺寸才能合格？

3. 已知工件斜角为 45°，用正弦电磁吸盘装夹磨削斜面，正弦圆柱的中心距 $L=200$ mm。求正弦圆柱下所垫量块组的高度。

4. 有一圆锥塞规，圆锥半角 $\frac{\alpha}{2}=2°51'51''$，用正弦规放置于测量平板上，测量 a、b 点高度值，已知正弦规中心距 $L=200$ mm。求垫入量块组之 H 值。($\sin\alpha/2=0.0499$，$\sin\alpha=0.0997$)

第五单元　平面磨削

课题一　平面磨床的操纵与调整

一、填空题

1. 在平面磨床上磨削平面，精度一般可达公差等级______________级，表面粗糙度可达______________μm。

2. 按照平面磨床磨头和工作台的结构特点和配置形式，可将平面磨床分为五种类型，即______________平面磨床、______________平面磨床、______________平面磨床、______________平面磨床及______________磨床等。

3. M7120D 型平面磨床由______________、______________、______________、______________、立柱、电器箱、电磁吸盘、电器按钮板、______________等部件组成。

4. M7120D 型平面磨床的砂轮尺寸（外径×宽度×内径）为______________。

二、判断题（对的打“√”，错的打“×”）

1. 在启动砂轮前，必须先启动润滑泵，使砂轮主轴得到充分润滑。（　　）
2. 磨头垂直自动升降是由摇动垂直进给手轮来完成的。（　　）
3. M7120D 型平面磨床磨头的横向连续进给、断续进给由选择阀控制。（　　）
4. M7120D 型卧轴矩台平面磨床工作台的宽度为 400 mm。（　　）

三、简答题

简述磨头的操纵和调整方法。

课题二　平面磨削

一、填空题

1. 根据砂轮工作表面的不同，平面磨削可分为________、端面磨削及________三种方式。

2. 平面磨削的三种基本方法：________、________和台阶磨削法。

3. 平面磨削所用的砂轮应根据________、________、加工要求等来选择。

4. 周边磨削适用于精磨各种工件的平面，平面度误差能控制在________，表面粗糙度可达________。

5. 端面磨削可选用________的磨削用量，生产效率较高，只适用于磨削________工件。

6. 用砂轮的圆周磨削时，一般选用陶瓷结合剂的平行砂轮，粒度为________，硬度在________之间。

7. 用砂轮的端面磨削时，大多采用树脂结合剂的筒形、碗形或镶块砂轮，粒度为________，硬度在________之间。

8. 平面磨削常用________装夹工件。

二、判断题（对的打"√"，错的打"×"）

1. 采用端面磨削法磨削平面时，磨削精度高，但生产效率较低。（　　）

2. 矩台卧轴平面磨床的磨削方法有横向磨削法、台阶磨削法和阶梯磨削法。（　　）

3. 在平面磨削时，一般可采用提高工作台纵向进给速度的方法来改善散热条件，提高生产效率。（　　）

4. 在用砂轮端面磨削平面时，将磨头倾斜一微小角度，减少砂轮与工件的接触面积，可改善散热条件。（　　）

5. 横向磨削法适用于磨削长而宽的工件平面。（　　）

6. 平面磨削的砂轮圆周速度不宜过低，一般为 35 m/s。（　　）

7. 平面磨削时，应采用硬度低、粒度粗、组织疏松的砂轮。（　　）

8. 用电磁吸盘装夹小而薄的工件时，无须放置挡板。（　　）

9. 修磨电磁吸盘台面时，电磁吸盘应接通电源。（　　）

10. 用横向磨削法平面磨削时，磨削宽度应等于横向进给量。（　　）

11. 由于用砂轮端面磨削平面热变形大，所以应选用粒度细、硬度较高的树脂结合剂砂轮。（　　）

12. 用于平面磨削的磁性吸盘有电磁吸盘和永磁吸盘两种。（　　）

三、选择题（将正确答案的序号填入括号内）

1. 在卧轴矩台平面磨床上磨削长而宽的平面时，一般采用（　　）磨削法。

A. 横向　　B. 深度　　C. 阶梯

2. 用砂轮端面磨削平面接触面积大，排屑困难，容易发热，所以大多采用（　　）结合剂砂轮。

A. 陶瓷　　B. 树脂　　C. 橡胶

3. 采用端面磨削法磨削平面时，若出现（　　），则说明磨头与工作台垂直。

A. 左旋波纹　　B. 右旋波纹　　C. 交叉双纹

4. 砂轮与工件的接触面积小，此时磨出的平面呈（　　）形。

A. 中凸　　B. 台阶　　C. 中凹

5. 在电磁吸盘上装夹工件时，工件定位表面盖住绝缘磁层条数应尽可能地（　　）。

A. 多　　B. 少　　C. 全部盖住

6. 用台阶磨削法磨削平面，可在（　　）垂向进给中磨去全部余量。

A. 一次　　B. 两次　　C. 三次

7. 平面磨削砂轮的粒度一般为（　　）。

A. F36～F46　　B. F60　　C. F60～F80

8. 用砂轮端面磨削时，磨头倾斜后，工件平面略呈凹形，磨头偏移角和磨削宽度增大时，中凹值（　　）。

A. 减小　　B. 增加　　C. 不变

9. 用横向磨削法磨削平面，精磨时，横向进给量为（　　）。

A. （0.05～0.1）B/行程（B 为砂轮宽度）

B. （0.1～0.2）B/双行程

C. （0.2～0.4）B/双行程

10. （　　）法适用于在功率大、刚性好的磨床上磨削较大型的零件。

A. 横向磨削　　B. 深度磨削　　C. 台阶磨削

11. 横向磨削法磨削平面的接触面积比深度磨削法（　　）。

A. 大　　B. 小　　C. 相同

12. 深度磨削法磨削平面的特点是纵向进给速度比横向磨削法（　　）。

A. 快　　B. 慢　　C. 相同

13. 平面磨削时，砂轮与工件的接触面积比外圆磨削（　　）。

A. 小　　B. 大　　C. 相同

14. 精磨平面时的垂向进给量（　　）于粗磨时的垂向进给量。

A. 大　　B. 小　　C. 等

15. 一般平面磨削的步骤为（　　）。

A. 检查工件弯曲程度，初步校直

B. 用专用夹具装夹

C. 将砂轮圆周面修成台阶状

D. 粗磨两平面

E. 精修砂轮

F. 精磨两平面

四、简答题

1. 平面磨削中，周边磨削有什么特点？

2. 试述平行面的磨削方法。

3. 要磨好平行平面应注意哪些问题？

课题三　垂直面磨削

一、填空题

1. 垂直面是指两表面成________________的平面。

2. 垂直面磨削时工件常用____________________装夹、____________________装夹、__________________装夹、__________________装夹、__________________装夹。

3. 精密平口钳，适用于装夹__________________________的工件及被磨平面的相邻面为________________的工件。

4. 用精密 V 形块装夹，适用于加工__________________的工件。

5. 斜面是指零件上与基准面成____________________的平面。

二、判断题（对的打“√”，错的打“×”）

1. 精密平口钳适宜于在平面磨床上装夹非导磁性工件进行磨削加工。（　　）

2. 精密角铁有两个相互垂直的工作平面，它们的垂直度公差在 0.01 mm 以内，故磨削时可达到较高的加工精度。（　　）

3. 导磁直角铁是由纯铁和夹布胶木板压制而成的。（　　）

4. 导磁直角铁的间隔分布距离必须与相配的电磁吸盘的绝磁层距离相等。（　　）

三、选择题（将正确答案的序号填入括号内）

1. 精密平口钳的特点是（　　），适宜在平面磨床上磨削各种小型精密工件。

A. 装夹稳固　　B. 操作方便　　C. 定位准确

D. 经久耐用　　E. 体积小　　F. 灵活方便

2. 精密角铁适用于在平面磨床上磨削各种（　　）。

A. 水平平面　　B. 垂直平面　　C. 相交平面

D. 平行平面　　E. 倾斜平面　　F. 正交平面

3. 导磁体和导磁 V 形架主要用来夹持磨削（　　）。

A. 水平平面　　B. 垂直平面　　C. 相交平面

D. 平行平面　　E. 倾斜平面　　F. 正交平面

4. （　　）具有两个相互垂直的工作平面，故在磨削垂直平面时可获得较高的加工精度。

A. 方箱及夹头　　B. 精密角铁　　C. 正弦夹具　　D. V 形架

5. 用垫纸法磨削垂直表面时，采用（　　）的磨削方法较麻烦，精度不易控制，生产效率低。

A. 百分表找正垂直面　　B. 圆柱角尺找正垂直面

C. 专用百分表座找正垂直面　　D. 专用工具找正垂直面

四、简答题

1. 磨削垂直平面时有哪几种安装方法？

2. 简述用精密平口钳装夹磨削垂直平面的磨削步骤。

五、计算题

已知工件的大端高度 $H=50$ mm，小端高度 $h=30$ mm，斜面长度 $L=200$ mm。求工件的斜度 S 和斜角。（用反三角函数表示）

课题四　斜面工件的磨削

一、填空题

1. 一般情况下倾斜程度大的斜面用____________表示，倾斜程度小的斜面用____________表示。

2. 斜面的磨削方法有________________、________________和用导磁 V 形块装夹来磨削斜面。

3. 正弦精密平口钳主要由________________与底座组成。

4. 正弦电磁吸盘的最大倾斜角为____________。

二、判断题（对的打"√"，错的打"×"）

1. 磨削斜面用正弦电磁吸盘装夹时，若加工斜面长度大于工件厚度，正弦电磁吸盘应与工作台运动方向垂直放置。（　　）

2. 正弦规圆柱下垫入量块组后所构成的角度应等于工件的斜角。（　　）

三、选择题（将正确答案的序号填入括号内）

正弦电磁吸盘由（　　）组成，主要用于磨削零件的倾斜面。

A. 带电磁吸盘的正弦规　　B. 永磁吸盘正弦规

C. 标准电磁吸盘　　D. 标准正弦规

E. 夹具体　　F. 底座

四、简答题

1. 磨削斜面有哪些装夹方法？各有什么特点？

2. 简述用正弦精密平口钳装夹磨削斜面的磨削步骤。

五、计算题

磨削零件的斜面，已知斜角 $B=30°8'$，用中心距 $L=200$ mm 的正弦电磁吸盘装夹。试求量块组高度 H。

课题五　精度检验及误差分析

一、填空题

1. 平面工件的精度检验包括＿＿＿＿＿＿＿＿、＿＿＿＿＿＿＿＿、位置精度和表面粗糙度四项。

2. 两平面的垂直度误差可以用＿＿＿＿＿＿＿＿＿＿＿在平板上进行检验。

3. 倾斜面与基准面的夹角，如果精度要求不太高时，可以用＿＿＿＿＿＿＿＿＿＿＿＿＿＿＿＿检验。

4. 工件定位面或工作台面不清洁会造成工件的＿＿＿＿＿＿＿＿超差。

二、判断题（对的打“√”，错的打“×”）

1. 平面磨削时，平面的平面度超差主要是由于工件的变形引起的。（　　）

2. 工件的平面度常用刀口形直尺检查，也可用涂色法、透光法检查。（　　）

三、简答题

1. 平面工件的精度检验包括哪些内容？

2. 如何检验工件的平面度？

3. 在磨削平行平面时，产生平行度超差的原因是什么？

第六单元　无心外圆磨削

课题一　无心外圆磨床的操纵与调整

一、填空题

1. 无心外圆磨床由__________、__________、__________、__________、导轮修整器、磨削轮修整器、导轮进给手柄和导轮快速手柄等组成。

2. 无心外圆磨床的调整包括__________、__________、__________的选择与调整。

3. 通常磨削轮特性为：__________，粒度号__________，硬度为 J～N 的陶瓷结合剂双面凹砂轮，其尺寸由机床决定。

4. 导轮的直径由__________决定。

5. 为了使磨削过程平稳和正常，必须使工件__________，因此，导轮不能修整成圆柱形。

6. 托板厚度 B 影响托板的刚度及磨削过程的平稳性，托板厚度应比工件直径小__________mm。

7. 导板的作用是__________。

二、判断题（对的打“√”，错的打“×”）

1. 无心外圆磨床的导轮和磨削轮所选用的砂轮有完全相同的特性。（　　）

2. 无心外圆磨床在磨削时，工件中心应低于磨削轮和导轮中心。（　　）

3. 无心外圆磨削为顺磨，即工件的旋转方向与磨削轮的旋转方向相同。（　　）

4. 无心外圆磨床磨削时，如果导板偏向磨削轮一侧，工件就会被磨成细腰形。（　　）

5. 无心外圆磨床磨削时，如果导板偏向导轮一侧，工件会被磨成腰鼓形。（　　）

6. 无心外圆磨床的托板厚度应比工件直径小 1.5～2 mm。（　　）

7. 导轮的倾斜角增大时，工件的速度增大，生产率提高，工件表面粗糙度值也增大。（　　）

8. 当在无心外圆磨床上加工细长工件时，为了防止磨削过程中工件上下跳动，可使工件中心低于砂轮中心。（　　）

9. 靠导轮一侧的后导板应相对导轮工作面凸出一定距离。（　　）

10. 无心外圆磨削时，由磨削轮带动工件作圆周进给和纵向进给，导轮只起导向作用。（　　）

三、选择题（将正确答案的序号填入括号内）

1. 无心外圆磨床由两个砂轮组成，其中一个砂轮起传动作用，称为（　　）。

A. 传动轮　　B. 惰轮　　C. 导轮

2. 无心外圆磨床采用惯穿法磨削工件时，必须把导轮外圆表面修整成（　　）。

A. 锥面　　B. 双曲面　　C. 抛物线面

3. 无心外圆磨床的导轮与工件应成（　　）接触。

A. 锥面　　B. 圆柱面　　C. 线

4. 无心外圆磨削中，当工件的中心与磨削轮和导轮的中心连线等高时，工件会被磨成（　　）。

A. 椭圆　　B. 圆锥形　　C. 等直径棱圆

5. 无心外圆磨削时，磨削轮以大于导轮（　　）倍左右的圆周速度旋转，对工件进行磨削。

A. 50　　B. 75　　C. 100

6. 无心外圆磨床的导轮由（　　）结合剂制成。

A. 陶瓷　　B. 树脂　　C. 金属

7. 无心外圆磨床的导轮架的转动体可在垂直平面内回转（　　）角，使导轮轴线在垂直平面内成一个倾角。

A. 1°～2°　　B. 2°～5°　　C. 5°～10°

8. 无心外圆磨削套类零件时（　　）修正原有的内、外圆同轴度误差。

A. 可以　　B. 不能　　C. 只可少量

9. 无心外圆磨床的托板支承面倾斜角为（　　）左右。

A. 10°～20°　　B. 20°～30°　　C. 30°～45°

10. 无心外圆磨床的托板厚度应比工件直径小（　　）mm。

A. 1～1.5　　B. 1.5～2.0　　C. 2.5～3.5

11. 安装无心外圆磨床的托板时，应调整托板的两端在同一水平面上，否则，磨出的工件将是（　　）形。

A. 椭圆　　B. 等直径棱圆　　C. 圆锥

12. 安装无心外圆磨床的导板时，靠导轮一侧的前导板应相对导轮工作面退后一个距离，其值为工件一次磨削余量的（　　）左右。

A. 1/4　　B. 1/3　　C. 1/2

13. 无心外圆磨削时，若工件产生奇数棱圆，则应（　　）。

A. 调整导板　　B. 增加工件中心高　　C. 调整导轮倾斜角

14. 无心外圆磨床上靠磨削轮一侧的前、后导板应比磨削轮工作面退后（　　）mm。

A. 0.2～0.4　　B. 0.4～0.8　　C. 0.8～1.2

15. 无心外圆磨床上的导板长度可按工件长度选择。若工件的长度大于 100 mm，则导板长度为工件长度的（　　）倍。

A. 0.5～0.75　　B. 0.75～1.5　　C. 1.5～2

16. 无心外圆磨削中，当工件直径小于 12 mm 时，采用（　　）形导板。

A. 平　　　　　　B. 凹　　　　　　C. 凸

四、简答题

1. 试述如何修整和调整导轮。

2. 如何选择、调整托板和导板？

五、计算题

1. 已知无心外圆磨床导轮直径 $D=300$ mm，导轮转速为 70 r/min，导轮倾角 $\theta=2°$。试求工件的纵向分速度和切向分速度。(sin2°=0.035，cos2°=0.999)

2. 已知无心外圆磨削中，导轮直径 $D=300$ mm，工件直径 $d=20$ mm，导轮倾角 $\theta=2°$，工件安装高度 $h=10$ mm。求金刚石滑座回转角和修整砂轮时的金刚石偏移量。(角度精确到 0.01°)

3. 在 M1080 型无心外圆磨床上用切入法磨削工件，已知砂轮中心至底板距离 $A=200$ mm，托架槽至底板的距离 $B=25$ mm，工件直径 $d=20$ mm，工件中心高出砂轮中心之值 $h=2$ mm。试粗略计算托板的安装高度。

4. 在无心外圆磨床上精密磨削工件，已知工件安装高度 $h=15$ mm，工件直径 $d=20$ mm，托板支承面的斜角$=30°$，工件与托板支承面接触点距离 $g=5$ mm。试计算托板顶端至砂轮中心高度距离 N。

课题二　无心外圆磨削

一、填空题

1. 无心外圆磨削时，工件安装在无心磨床两个砂轮之间。其中，一个砂轮起磨削作用，称为________________；另一个砂轮起传动作用，称为________________。

2. 无心外圆磨削时，工件不能被磨圆的原因是由于工件的中心与____________________________等高，使得工件的凹凸点在同一直线上。

3. 惯穿法用于磨削________________________。

4. 用贯穿法时，最好将砂轮前部和后部修成______________的斜角，以使工件能逐步切入和切出。

5. 切入法适用于加工________________________________。

6. 强迫贯穿法适宜于________________________________。

7. 无心外圆磨削当________________________时，工件将被磨成细腰形；________________________时，则工件被磨成腰鼓形。

二、判断题（对的打“√”，错的打“×”）

1. 在无心外圆磨床上用切入法磨削球面等成形面时，导轮的宽度应比磨削轮宽一些。（　　）

2. 用贯穿法磨削时，导轮的宽度与磨削轮相同。（　　）

3. 无心外圆磨削时，工件以两中心孔定位。（　　）

4. 磨削直径 55 mm 的工件，可选择 M1040 型无心外圆磨床。（　　）

5. 无心磨削细长轴时，可使工件中心低于砂轮中心，以防止磨削过程中工件的跳动。（　　）

6. 无心磨床导轮的工作速度与修整速度是相同的。（　　）

三、选择题（将正确答案的序号填入括号内）

1. 用惯穿法进行无心外圆磨削时，导轮的倾斜角，粗磨时取 2°30′～4°，精磨时取（　　）。

A. 1°～1°30′　　B. 1°30′～2°30′　　C. 2°30′～4°

2. 在无心外圆磨床上用惯穿法磨削细长轴时，为防止振动，可将工件中心调整至（　　）导轮和磨削轮中心连线。

A. 高于　　B. 平齐于　　C. 低于

3. 用切入法进行无心外圆磨削时，一般将导轮架回转（　　）的斜角，使工件在磨削过程中有一个微小的轴向力。

A. 30′　　B. 1°　　C. 1°30′

4. 在无心外圆磨床上加工带台阶的圆柱形零件、锥销、锥形滚柱等成形旋转体零件，宜用（　　）法磨削。

A. 惯穿　　B. 切入　　C. 强迫贯穿

5. 在无心外圆磨床上用惯穿法磨削时，导轮的宽度应（　　）磨削轮的宽度。

A. 大于　　B. 等于　　C. 小于

6. 在无心外圆磨床上用惯穿法磨削余量为 0.20～0.25 mm 的工件时，一般应分（　　）次粗磨。

A. 一　　B. 二　　C. 三

D. 四

7. 安装无心外圆磨床导板时，如果工件入口与出口处导板都偏向于导轮，那么工件就会被磨成（　　）形。

A. 腰鼓　　B. 圆锥　　C. 细腰

8. 无心外圆磨削中，产生带状、直条状和螺旋状直条纹等表面缺陷的主要原因是（　　）。

A. 工件中心高度不适当　　B. 砂轮粒度太粗　　C. 砂轮不圆或振动

9. 用贯穿法无心磨削细长轴，为防止产生（　　），可将工件中心调整至低于两轮中心。

A. 振动　　B. 椭圆误差　　C. 圆柱度误差

四、简答题

1. 试述无心磨削工件成圆的原理。

2. 简述无心外圆磨削步骤。

3. 无心外圆磨削时，工件产生圆度误差的原因有哪些？

第七单元　刃具磨削

课题一　万能工具磨床的操纵与调整

一、填空题

1. MQ6025A 型万能工具磨床主要由________________、_________________、工作台、________________等部件组成。

2. MQ6025A 型万能工具磨床的上工作台装在下工作台上面，上工作台上可装________________、________________、________________等附件，以刃磨各种刀具及进行其他加工。

3. MQ6025A 型万能工具磨床的横向传动由手轮通过梯形螺杆和螺母传动。手轮转一圈为______________mm，一小格为______________mm。

4. MQ6025A 型万能工具磨床的常用附件有_________________、万能夹头、________________________、__________________等。

5. 左、右顶尖座主要用来装夹__________________________及需要用_________________________装夹的刀具。

6. 万能夹头主要用来装夹________________、_________________、三面刃铣刀、____________________等刀具，以刃磨其端面齿或锥面齿。

7. 万能齿托架的用途是_____________________________________。

8. 常用的齿托片有__________________、_________________和__________________等三种。

9. 中心规是用来确定______________________________的工具。

二、判断题（对的打“√”，错的打“×”）

1. MQ6025A 型万能工具磨床也可用来磨削内、外圆柱面和圆锥面。（　　）

2. 刃磨刀具后刀面时，齿托片应比刀具中心高一些。（　　）

3. 在工具磨床上用万能夹具磨削有凸、凹圆弧面和平面的工件时，应先磨平面，再磨凸圆弧面，最后再磨凹圆弧面。（　　）

三、选择题（将正确答案的序号填入括号内）

1. MQ6025A 磨床型号是表示（　　）。

A. 刀具磨床　　B. 工具磨床　　C. 万能工具磨床

2. （　　）是用来确定砂轮或顶尖中心位置高度的工具。

A. 顶尖座　　B. 万能夹头　　C. 中心规　　D. 万能齿托架

3. （　　）主要用来装夹两端有中心孔的刃磨的刀具，以及需要用心轴装夹刃磨的刀具。

A. 顶尖座　　B. 万能夹头　　C. 中心规　　D. 万能齿托架

4. 刃磨高速钢刀具最常用的是（　　）砂轮。

A. 白刚玉　　B. 绿碳化硅　　C. 金刚石

5. 万能夹头的夹头体可在角架上绕 $Z—Z$ 轴线回转（　　）。

A. 180°　　B. 270°　　C. 360°

6. 刃磨各种螺旋槽刀具可用（　　）齿托片。

A. 直齿　　B. 斜齿　　C. 圆弧齿

四、简答题

1. 常用的齿托片有哪几种？各适用于什么场合？

2. 如何在磨头主轴上装拆砂轮与法兰？

课题二　刀具简介

一、判断题（对的打“√”，错的打“×”）

1. 主切削面是通过主切削刃上选定点并垂直于过该点基面的平面。（　　）

2. 前刀面与基面之间的夹角称为前角。前角的作用是减小切削变形，并使切屑容易流出。（　　）

3. 后刀面与切削平面之间的夹角称为楔角。主要作用是减少主后刀面与加工表面之间的摩擦。（　　）

4. 刀具钝化的主要形式有磨损、崩刃、卷刃等。（　　）

5. 刃倾角是主切削刃与切削平面间的夹角。 （　　）

二、选择题（将正确答案的序号填入括号内）

1. 在金属切削加工中，用来切除工件表面（　　）的工具叫作刀具。

A. 多余金属层　　B. 加工余量　　C. 工艺余量　　D. 切削层

2. 刀具（　　）的主要形式有磨损、崩刃、卷刃等。

A. 破损　　B. 破坏　　C. 报损　　D. 钝化

三、简答题

试述刀具磨损的原因及过程。

课题三　铰刀的刃磨

一、填空题

1. 铰刀的前角一般为 $\gamma_0=$________。切削部分的后角 $\alpha=$__________，校准部分后角 $\alpha_1=$__________。

2. 刃磨铰刀时，铰刀一般是用______________装夹的。

3. 在刃磨铰刀前刀面时，应将磨头在水平面内逆时针方向转__________左右，使砂轮在齿槽间磨削时只有一个边缘参加磨削。

4. 刃磨直齿圆柱形铰刀的后刀面时，一般采用___________齿托片支撑。

二、判断题（对的打“√”，错的打“×”）

1. 刃磨铰刀前，必须先找正工作台零位。 （　　）

2. 在刃磨刀具的后刀面时，一般选用镶块砂轮。 （　　）

3. 刃磨后刀面可用碟形砂轮或平形砂轮。 （　　）

4. 新制铰刀一般先刃磨前刀面，然后磨校准部分的外圆、倒锥及切削部分锥面，再刃磨后刀面。 （　　）

5. 铰刀后角一般取 $\alpha_0=10°\sim14°$，校准部分刀刃上留有宽 0.1～0.2 mm 的圆弧刃带。 （　　）

6. 铰刀的前角和后角均可用多刃角尺检验。 （ ）

三、选择题（将正确答案的序号填入括号内）

1. 铰刀磨损时，应采用（ ）磨削其后角。

A. 平形砂轮　B. 筒形砂轮　C. 碗形砂轮　D. 杯形砂轮

2. 在万能工具磨床上用平行砂轮磨削铰刀后角时，铰刀中心应（ ）砂轮中心，这样才能获得后角。

A. 高于　B. 等于　C. 低于

3. 刃磨高速钢刀具最常用的是（ ）砂轮。

A. 白刚玉　B. 绿碳化硅　C. 金刚石

4. 刃磨成形刀具及精密的刀具时，砂轮的硬度宜用（ ）。

A. H　B. J　C. K

5. 刃磨刀具的前刀面常用（ ）砂轮。

A. 平形　B. 碗形　C. 碟形

6. 新制铰刀的刃磨步骤依次为（ ）。

A. 前刀面、校准部分外圆及倒锥、切削部分锥面、后刀面

B. 前刀面、后刀面、切削部分锥面、校准部分外圆及倒锥

C. 后刀面、前刀面、校准部分外圆及倒锥、切削部分锥面

7. 刃磨铰刀前刀面时，碟形砂轮端面应修整成（ ）。

A. 内凹形　B. 内锥面　C. 内凸形

8. 刃磨硬质合金刀具的开槽砂轮，是在砂轮的（ ）开出一定宽度、深度和数量的沟槽。

A. 轴向　B. 径向　C. 端面

四、简答题

怎样刃磨铰刀？

五、计算题

1. 有一直径 $D=25$ mm、前角 $\gamma=6°$ 的铰刀，试计算刃磨前角时砂轮偏移量 H。($\sin 6°=0.104\ 5$)

2. 有一直径 $D=25$ mm、后角 $\alpha_0=4°$ 的铰刀，试计算刃磨后角时齿托片比铰刀中心的下降值 H。

课题四　铣刀的刃磨

一、填空题

1. 圆柱铣刀一般选用________________进行装夹。
2. 刃磨圆柱铣刀前，应将砂轮架转____________，避免已磨好的切削刃碰到砂轮边缘。
3. 圆柱铣刀用钝后，一般只修磨____________。
4. 刃磨圆柱铣刀后刀面一般采用______________齿托片。

二、判断题（对的打“√”，错的打“×”）

1. 圆柱铣刀刃磨后应测量其端面后角。（　）
2. 刃磨错齿三面刃铣刀圆周切削刃后刀面时，将支片装在磨头体上，并将支片调整到比铣刀中心低 H 值。（　）

3. 在磨削一般铣刀时，实行间断磨削，即在砂轮圆周上开有一定宽度、深度的沟槽，效果很好。 (　　)

4. 错齿三面刃铣刀属于尖齿铣刀，只刃磨后刀面。 (　　)

三、选择题（将正确答案的序号填入括号内）

1. 刃磨圆柱铣刀的后刀面时，砂轮粒度应选（　　）。

A. F46～F80　　B. F80～F100　　C. F120～F240

2. 刃磨圆柱铣刀后刀面时，杯形砂轮端面应修整成（　　）。

A. 内凹形　　B. 内锥面　　C. 内凸形

3. 刃磨错齿三面刃铣刀端面切削刃后刀面时，用（　　）装夹工件。

A. 两顶尖　　B. 心轴和两顶尖　　C. 万能夹头

四、简答题

1. 怎样刃磨圆柱铣刀？

2. 怎样刃磨错齿三面刃铣刀？

第八单元　螺纹磨削

课题一　螺纹及蜗杆的基础知识

一、填空题

1. 根据螺旋线的数目，螺纹可分为________和________。
2. 根据螺旋线旋绕方向的不同，螺纹可分为________和________两种。
3. 根据牙型不同，螺纹分为________、________、________和________等几种。
4. 普通螺纹的主要参数有大径、小径、中径、________、导程、牙型角和________等七个。
5. 米制蜗杆按齿形分为________直廓蜗杆和________直廓蜗杆两种。
6. ________是蜗杆的基本参数。

二、判断题（对的打“√”，错的打“×”）

1. 螺纹相邻两牙在中径线上对应两点间的轴向距离称为螺距。（　　）
2. 螺纹中径是一个假想圆柱直径，该直径的素线通过牙型上的沟槽和凸起宽度相等。（　　）
3. 米制梯形螺纹的牙型角为29°。（　　）
4. 米制轴向直廓蜗杆在端平面内为阿基米德螺旋线，因此又称阿基米德蜗杆。（　　）
5. 蜗杆与其啮合的蜗轮齿距相等，但模数是不相等的。（　　）

三、选择题（将正确答案的序号填入括号内）

1. 代表螺纹尺寸的直径是指螺纹的（　　）。
   A. 大径　　B. 中径　　C. 小径
2. 同一螺旋线上的相邻两牙，在（　　）上对应两点间的轴向距离，称为导程。
   A. 大径　　B. 中径　　C. 小径
3. 米制轴向直廓蜗杆的齿形在蜗杆轴线平面内为（　　）。
   A. 直线　　B. 渐开线　　C. 曲线
4. 米制法向直廓蜗杆的齿形在蜗杆轴线平面内为（　　）。
   A. 直线　　B. 渐开线　　C. 曲线
5. 米制蜗杆分度圆直径已经标准化，按公式 $d_1=qm_x$ 计算，式中 q 称为（　　），已标准化。

A. 压力角　　　　B. 特性系数　　　　C. 齿距

6. 米制蜗杆的齿形角为（　　）。

A. 20°　　　　B. 30°　　　　C. 40°

四、名词解释

1. 螺纹

2. 螺纹大径（D，d）

3. 螺纹中径（D_2，d_2）

4. 螺距（P）

5. 导程（P_h）

课题二　螺纹磨床

一、填空题

1. S7332 型螺纹磨床的主要部件有__________、__________、__________、砂轮修整器、尾座等。

2. 螺纹磨削的成形运动是工件旋转一周，工作台由丝杆螺母传动，使工件相应移动一个__________的距离。

3. S7332 型螺纹磨床砂轮架主轴静压轴承的间隙为__________mm。

4. 磨内螺纹时，主轴上可安装卡盘，主轴的轴承为__________锥度的滑动轴承。

二、选择题（将正确答案的序号填入括号内）

1. 砂轮架主轴采用（　　），主轴可获得较高的旋转精度。

A. 滑动轴承　　　　B. 静压轴承　　　　C. 滚动轴承

2. S7332 型螺纹磨床头架主轴采用（　　）锥度的滑动轴承。

A. 1∶5　　　　B. 1∶20　　　　C. 1∶50

3. 螺纹磨床螺距找正装置利用（　　）使螺母获得一个附加的回转运动，以找正螺纹传动链的螺距误差，提高螺纹加工精度。

A. 齿轮　　　　B. 丝杆　　　　C. 找正尺

4. 螺纹磨床专用自动砂轮修整器内的（　　）角度可按蜗杆的齿形角调整。

A. 样板　　　　B. 杠杆　　　　C. 齿轮

三、计算题

1. 已知在 S7332 型螺纹磨床上磨削 $P=8$ mm 螺纹，求交换齿轮齿数。

2. 磨削单头蜗杆，已知模数 $m=4$ mm，分度圆直径 $d_1=44$ mm。试求导程角及交换齿轮。

课题三　螺纹及蜗杆磨削

一、判断题（对的打“√”，错的打“×”）

1. 多线砂轮磨削螺纹的效率高，但砂轮和工件的螺纹升角容易产生干涉现象，故磨削精度不如用单线砂轮高。（　）

2. 为减少磨削螺纹时的磨削热，应将切削液均匀地喷注在磨削区内。（　）

3. 磨削螺纹时，螺距的周期性误差主要是由于工件温度的影响所致。（　）

4. 螺纹磨削采用的切削液是乳化液。（　）

5. 磨削螺纹时，为了使砂轮能在较长时间内保持准确形面，应选择较硬的砂轮。（　）

6. 采用疏松组织的砂轮，有利于改善螺纹磨削的散热条件。（　）

7. 用多线砂轮磨削螺纹时，砂轮应采用滚压轮，滚压修整砂轮成多线环形。（　）

二、选择题（将正确答案的序号填入括号内）

1. 用展成法磨削螺纹时，需将砂轮轴线相对工件轴线倾斜一个角度，此角度等于螺纹的（　）。

A. 牙型角　B. 螺纹升角　C. 牙型半角

2. 磨削螺纹的展成运动是使工件的旋转运动和（　）保持一定的展成关系。

A. 砂轮的纵向运动　B. 砂轮的旋转运动　C. 工作台的移动

3. 用多线砂轮磨削螺纹时，当砂轮完全切入牙深后，工件回转（　）以后即可磨出全部螺纹牙形。

A. 一周　B. 一周半　C. 两周

4. 一般螺纹磨床采用的切削液为（　）。

A. 煤油　B. 乳化液　C. 硫化切削液

5. 用三针测量螺纹中径是一种（　）测量法。

A. 直接　B. 间接　C. 比较

6. 用三针法测量牙型角为30°的梯形螺纹，其量针直径的计算公式为（　）。

A. $0.382P$　B. $0.518P$　C. $0.866P$

7. 用单线砂轮磨削螺纹时，砂轮的粒度一般为（　）。

A. F40～F60　B. F60～F80　C. F80～F210

8. 用单线砂轮磨削螺纹时，常用（　）砂轮。

A. 碟形　B. 杯形　C. 平形

9. 用单线砂轮磨削螺纹时，工件的旋转运动和工作台的移动保持一定的展成关系，即工件每转一周，工作台相应移动一个（　）。

A. 导程　B. 中径　C. 螺纹升角

10. 用多线砂轮磨削螺纹时，当砂轮完全切入牙深后，工件回转（　）左右即可磨出全部齿形。

A. 一周　　B. 一周半　　C. 两周

11. 用多线砂轮磨削螺纹，磨削精度（　　）单线砂轮磨削。

A. 低于　　B. 高于　　C. 等于

三、简答题

试述磨削蜗杆的磨削方法及操作步骤。

四、计算题

一梯形螺纹丝杆，大径为 48 mm，中径为 45 mm，螺距 $P=6$ mm，牙型角为 30°。用三针测量法测量螺纹中径，求量针直径和千分尺读数 M 值？

第九单元　复杂零件磨削

课题一　细长轴磨削

一、填空题

1. 影响轴类零件加工精度的因素主要是____________________误差。
2. 细长轴通常是指______________________________________的轴。
3. 磨削细长轴的关键问题是：________________________________。
4. 细长轴磨好后要__________________，以免因自重产生弯曲变形。

二、判断题（对的打“√”，错的打“×”）

1. 长度与直径的比值大于 10 的轴称为细长轴。（　　）
2. 磨削细长轴时，应选择硬度较硬、厚度较厚的砂轮。（　　）
3. 在磨削细长轴时，为了提高支承刚性，应加大尾座顶尖的顶紧力。（　　）
4. 细长轴工件磨好后，要放在平整之处，以免工件因自重而产生变形。（　　）
5. 当工件加工精度较高，长径比又较大时，可采用中心架支承。（　　）
6. 为了减少尾座顶尖压力，磨削精密细长轴时可采用特殊的小弹性顶尖。（　　）
7. 磨削细长轴时，为了减少磨削时的切削力，可将砂轮修成台阶形。（　　）

三、选择题（将正确答案的序号填入括号内）

1. 细长轴的特点是（　　）。

A. 刚度差　　B. 弹性变形大　　C. 内应力大
D. 长度与直径之比大　　E. 径向圆跳动大　　F. 加工困难

2. 细长轴长度与直径之比越大，刚度越差，磨削时越易产生弹性变形，如腰鼓形、多角形，还会使（　　）加大。

A. 径向圆跳动量　　B. 轴向圆跳动量　　C. 尺寸误差
D. 位置误差

3. 解决磨削细长轴困难要采取的对策有（　　）。

A. 增加人工时效处理
B. 合理选择砂轮，合理修整砂轮
C. 对中心孔进行研磨
D. 尾座顶紧力不宜过大
E. 合理选择磨削用量

F. 切削液要保持充分，同时采用中心架支撑

4. 磨削细长轴工件前应增加校直和（　　）的热处理工序。

A. 淬火　　B. 调质　　C. 消除应力

5. 磨削细长轴的关键问题是：如何减小磨削力和提高工件的支承刚度，尽量减少工件的（　　）。

A. 进给量　　B. 磨削热　　C. 变形

6. 磨削细长轴时，尾座顶尖的顶紧力应比一般磨削（　　）。

A. 大些　　B. 小些　　C. 相同

7. 为了减少细长轴磨削时的切削力，砂轮可修成（　　）。

A. 锥形　　B. 内凹形　　C. 台阶形

8. 磨削细长轴过程中，精磨砂轮的最后一次修整时，应从右端向左端进给，以使砂轮（　　）边缘尖锐。

A. 左　　B. 右　　C. 中部

9. 磨削细长轴工件全长时，靠近轴的两端可用稍大些的进给量；磨削中间部位时，进给量应（　　）。

A. 更大　　B. 小些　　C. 相同

10. 细长轴磨好后或未磨好因故中断磨削时，也要卸下（　　）存放。

A. 平直　　B. 竖直　　C. 吊挂

11. 细长轴的装夹方法一般有（　　）。

A. 用三爪自定心卡盘装夹

B. 在两顶尖间装夹

C. 用跟刀架装夹

D. 用双拨杆拨盘使工件受力均衡

E. 用花盘装夹

F. 采用开式中心架支撑

12. 磨削细长轴时，一般以两端中心孔作为安装基准，磨前要仔细研磨中心孔，粗研时接触面积不少于（　　）。

A. 60%　　B. 70%　　C. 80%　　D. 90%

13. 磨削细长轴时，一般以两端中心孔作为安装基准，磨前要仔细研磨中心孔，粗研时表面粗糙度值不大于（　　）μm。

A. $Ra1.6$　　B. $Ra0.8$　　C. $Ra0.4$　　D. $Ra0.2$

四、简答题

1. 细长轴有哪些磨削方法？各有何特点？

2. 试述用中心架支承磨削细长轴的装夹调整步骤。

课题二　薄壁套和薄片零件的磨削

一、填空题

1. 薄壁零件一般是指孔壁厚度为内径＿＿＿＿＿＿＿＿＿＿的套类零件。

2. 厚度不超过最小横向尺寸＿＿＿＿＿＿＿的薄而狭长的片（板）状工件称为薄片（板）。

3. 薄壁零件在粗精磨前后，工件均应进行＿＿＿＿＿＿＿＿处理，以消除工件由于热处理、磨削力和磨削热引起的内应力。

4. ＿＿＿＿＿＿＿＿＿是引起薄壁套变形的原因之一，由于工件内壁磨削热不易散失，工件外圆会磨成中凹面。

5. 磨削薄板零件可采用的装夹方式有：＿＿＿＿＿＿＿＿＿、＿＿＿＿＿＿＿＿＿＿、＿＿＿＿＿＿＿＿＿、＿＿＿＿＿＿＿＿＿＿、＿＿＿＿＿＿＿＿＿＿、＿＿＿＿＿＿＿＿和＿＿＿＿＿＿＿＿＿＿＿＿等。

二、判断题（对的打“√”，错的打“×”）

1. 薄壁零件在磨削中产生的变形，主要是由于夹紧力引起的，与其他因素无关。（　　）

2. 选用粒度较粗、硬度较软的砂轮磨削薄壁零件，以减小磨削力和减少磨削热。（　　）

3. 装夹薄壁套筒时，应尽量减小径向力，以防止工件产生径向变形。（　　）

4. 内冷却心轴的附加作用，是在磨削过程中使工件内壁散热。（　　）

5. 磨削薄片零件时，零件常被磨成中凸面。（　　）

6. 磨削薄片零件时的首次定位基准可以任意选择。（　　）

7. 垫纸法适用于磨削翘曲变形大的零件。（　　）

8. 磨削薄片工件时，为了减小工件的弹性变形，可增大电磁吸盘的吸力。（　　）

9. 若用三爪自定心卡盘装夹薄壁套工件，松开后，工件内孔会成为不等直径的三角棱圆。（　　）

三、选择题（将正确答案的序号填入括号内）

1. 由于薄片零件的刚度较差，在电磁吸盘上吸紧时产生弹性变形，磨削完后放松又恢复原状，所以难以保持其（　　）要求。

A. 直线度　B. 平面度　C. 对称度　D. 平行度
E. 位置度　F. 相交度

2. （　　）是薄片零件磨削的特点。

A. 变形的主要形式是翘曲　B. 变形是由受热和受力产生的
C. 零件不均匀膨胀易产生中凹现象　D. 电磁吸盘吸紧时产生弹性变形
E. 难以保证平面度和平行度要求　F. 磨削后内应力较大

3. 针对薄片零件磨削的特点，可采用各种措施来减小工件因（　　）而产生的变形。

A. 受压　B. 受热　C. 受力　D. 挤压
E. 磨削力　F. 内应力

4. 为了解决薄片零件磨削的困难，在砂轮上应采取的对策有（　　）。

A. 选用硬度较软的砂轮　B. 选用粒度较小的砂轮
C. 选用组织疏松的砂轮　D. 选用尺寸合适的砂轮
E. 经常修整砂轮，保持其锋利性　F. 精确地平衡砂轮

5. 在磨削薄片零件时，为了减少工件变形，在装夹时可在工件下面垫以（　　）。

A. 弹性垫片　B. 绒布　C. 垫纸　D. 塑料布
E. 非导磁材料　F. 木板

6. 薄板零件磨削前，应先检查工件弯曲程度，并在（　　）上初步校直。

A. 压力机　B. 平板　C. 检验台　D. 钳工工作台

7. 薄片零件的变形形式主要是（　　）。

A. 弯曲　B. 扭曲　C. 翘曲　D. 凸起

8. 薄片零件磨削时，由于零件（　　）膨胀，在磨削热的作用下易产生中凹现象。

A. 受热　B. 在磨削力作用下
C. 在砂轮挤压下　D. 不均匀性

9. 针对磨削薄片零件，要选用（　　）的砂轮。

A. 硬度较硬　B. 硬度较软　C. 粒度较粗　D. 粒度较细

10. 薄片零件磨削时，由于零件不均匀性膨胀，在磨削热作用下会产生（　　）现象。

A. 中凸　B. 中凹　C. 弯曲　D. 翘曲

11. 用端面压紧磨削薄壁套的方法有（　　）。

A. 用球形压板压紧　B. 用环形压板压紧　C. 用平压板压紧
D. 用网纹压板压紧　E. 用螺钉压紧　F. 用钩头压板压紧

12. 由于薄片零件易产生弯曲，磨削时可根据（　　）垫入相应大小和厚度的纸片来加工。

A. 误差值　B. 弯曲量　C. 变形量　D. 弯曲部位

E. 工件形状　　　　F. 工件尺寸

13. 用三爪自定心卡盘装夹薄壁零件，在磨削内孔卡爪松开后，内孔呈（　　）棱圆形。

A. 三角　　　　B. 六角　　　　C. 不等角

14. 磨削薄片工件时，应选择（　　）的背吃刀量。

A. 较大　　　　B. 较小　　　　C. 中等

15. 磨削薄壁零件时应选用粒度（　　）的砂轮。

A. 较粗　　　　B. 中等　　　　C. 较细

16. 磨削薄片零件应选用硬度（　　）的砂轮。

A. 较硬　　　　B. 较软　　　　C. 中等

17. 采用低熔点材料粘接法装夹磨削薄片工件时，常用的粘接材料是（　　）。

A. 石蜡或松香　　　　B. 树脂　　　　C. 橡胶

18. 由于磨削压力引起的内应力，很容易使薄片工件产生（　　）现象。

A. 弯曲　　　　B. 扭曲　　　　C. 翘曲

四、简答题

1. 减小薄壁零件磨削变形有哪些方法？

2. 试述磨削薄壁套的操作步骤。

3. 试述磨削大薄片工件的操作步骤。

课题三　偏心零件的磨削

一、填空题

1. 在机械传动中，偏心轴或曲轴能把____________运动变为____________运动或把____________运动变为____________运动。

2. ______________________称为偏心工件。常见的偏心工件有____________和____________两种。

3. 偏心工件磨削的关键是做好工件的____________、____________和平衡处理。

二、判断题（对的打“√”，错的打“×”）

1. 长度较长的偏心轴，必须装夹在前、后顶尖上磨削。（　）
2. 长度较短的偏心轴，可用四爪单动卡盘或三爪自定心卡盘装夹。（　）
3. 当偏心工件较大、较重且偏心量大而又不规则时，可采用花盘装夹，并加上配重。（　）
4. 磨削曲轴时的磨削力和磨削热比普通磨削时要小，但也要注意充分冷却。（　）
5. 为保证曲轴上连杆轴颈的相互位置精度，必须在曲轴磨床上磨削。（　）

三、选择题（将正确答案的序号填入括号内）

1. 偏心量不大且长度较短的工件，可以用（　）直接装夹找正进行磨削。
   A. 花盘　　B. 两顶尖　　C. 四爪单动卡盘
2. 偏心工件的装夹要求是使偏心部分的中心线与（　）中心线相重合。
   A. 砂轮旋转　　B. 头架旋转　　C. 尾座顶尖
3. 磨削曲轴时，应将曲轴安装在曲轴磨床左、右卡盘之间，然后用（　）找正其水平和垂直位置。
   A. 百分表　　B. 样板　　C. 卡规
4. 曲轴的磨削方法与磨外圆的（　）磨削法基本相同。
   A. 纵向　　B. 切入　　C. 接刀

5. 磨削曲轴时，要特别注意曲轴的（　　），避免发生碰撞事故。

A. 分度　　　　B. 换挡　　　　C. 装夹

四、名词解释

1. 偏心工件：

2. 偏心距：

五、简答题

1. 磨削偏心零件有哪些装夹方法？

2. 试述偏心孔零件的磨削方法及操作步骤。

课题四　成形面的磨削

一、填空题

1. 成形面一般可分为________________、________________和________________三类。

2. 工件轨迹运动的磨削法可分为____________和____________磨削法两种。

3. 球面磨削一般用____________磨削或____________磨削两种方法。

4. 外球面磨削常用________________或________________砂轮。砂轮内孔直径大小与工件球面大小有关。

5. 内球面磨削常采用____________砂轮，砂轮外径的大小直接与工件球面大小有关。

6. 外球面磨削时应使砂轮轴线与工件轴线______________，以保证加工球面的圆度。

二、判断题（对的打“√”，错的打“×”）

1. 凡形状不同于平面和圆柱（锥）面的表面均称为成形面。（　　）
2. 用成形砂轮磨削成形面时，应将砂轮修整成与工件型面完全吻合的反型面。（　　）
3. 用靠模法磨削成形面，靠模工作型面是与工件型面完全吻合的反型面。（　　）
4. 复杂成形面只能在特殊专用磨床上磨削。（　　）
5. 用范成法磨削内球面可用杯形砂轮。（　　）
6. 磨削球面时，若磨削花纹为凸状纹，则砂轮中心高于工件中心。（　　）

三、选择题（将正确答案的序号填入括号内）

1. 用成形砂轮磨削球面时，为了较好地保持砂轮的形状，应采用（　　）结合剂砂轮。
   A. 陶瓷　　B. 树脂　　C. 橡胶
2. 磨削球面时，若磨削花纹为凹状纹，说明砂轮中心（　　）工件中心。
   A. 高于　　B. 低于　　C. 等于

四、简答题

1. 修整成形砂轮应注意哪些事项？

2. 简单成形面的磨削方法有哪几种？各有什么特点？

五、计算题

已知外球面的直径为 $S\phi30$ mm，球肩至球心的距离 $H=12.99$ mm。试求杯形砂轮的直径及砂轮轴线的倾斜角。

课题五　花键轴磨削

一、填空题

1. 花键按齿形可分为________、________、________和渐开线齿等多种。

2. 矩形齿有三种定心方式，即________、________和键侧定心。以大径定心的花键轴通常只磨削________。

3. 花键轴可在________磨床或________磨床上磨削。

二、判断题（对的打“√”，错的打“×”）

1. 外花键只能在花键磨床上磨削。（　）
2. 为了保持砂轮形面的正确性，磨花键时砂轮不宜太硬。（　）
3. 磨削细长轴花键时，可使用中心扶架，以减少工件的弯曲变形。（　）
4. 在工具磨床上用成形砂轮磨削外花键有较高的生产率。（　）
5. 磨削外花键时，应先磨好一个键槽，再磨另一个键槽。（　）
6. 在普通外圆磨床上可以直接磨花键轴，其磨削方法与磨削普通外圆相同。（　）

7. 在花键磨床上磨削花键轴时，应先找正其上、侧素线，再找正键侧，使花键中心面对准砂轮的中心面。 (　　)

三、选择题（将正确答案的序号填入括号内）

1. (　　) 齿花键齿形简单，加工工艺性较好，应用最为广泛。

   A. 三角形　　B. 梯形　　C. 矩形　　D. 渐开线形

2. 在花键磨床上用双砂轮磨削外花键侧面时，两个砂轮之间的距离与花键轴的（　　）有关。

   A. 大径　　B. 小径　　C. 齿距

3. 在工具磨床上磨削花键的侧面一般用（　　）砂轮。

   A. 平形　　B. 杯形　　C. 碟形

4. 在工具磨床上磨削花键轴时，需要使用砂轮圆弧修整器和（　　），这种方法很少采用。

   A. 砂轮角度修整器　　B. 水平仪　　C. 万能分度头

5. 在工具磨床上磨削花键轴，若简单分度计算结果为 $n=6\frac{44}{66}$r，则手柄应转过（　　）。

   A. 44 圈　　B. 6 圈又 44 个孔数　　C. 6 圈又 66 个孔数

四、简答题

1. 磨削花键轴时应注意哪些问题？

2. 在工具磨床上磨削花键轴有哪几种磨削方法？各有何特点？

3. 在花键磨床上磨削花键轴有哪几种磨削方法？各有何特点？

课题六　齿轮磨削

一、判断题（对的打“√”，错的打“×”）

1. 用成形砂轮磨削法磨齿是利用渐开线成形砂轮磨削齿轮的渐开线齿形。（　）
2. 展成磨削法磨齿是依靠工件相对砂轮作有规则的运动来获得渐开线齿形的方法。（　）
3. 被磨齿轮的硬度越高，选用砂轮的硬度应越大。（　）
4. 齿轮磨削所用砂轮一般只进行一次平衡。（　）
5. 对刀是使砂轮处于合适的位置，以使左、右齿面的磨削余量均匀。（　）

二、选择题（将正确答案的序号填入括号内）

1. 碟形砂轮磨齿机，是用钢带滚圆盘按（　）磨齿。

A. 轨迹法　　B. 切入法　　C. 展成法

2. 锥形砂轮磨齿机，是按（　）原理工作。

A. 展成法　　B. 成形法　　C. 切入法

3. Y7131 型磨齿机磨齿时，工件的旋转与工作台移动保持一定的展成关系，即在工件转过一个齿时，工作台的移动量等于齿轮的（　）。

A. 齿距　　B. 齿宽　　C. 公法线长度

4. Y7131 型磨齿机，在完成一个磨齿循环后，使工件快速退离砂轮，停止展成运动，并由（　）完成分度。

A. 蜗杆分度机构　　B. 分度差动机构　　C. 分度板

5. Y7131 型磨齿机的分度差动交换齿轮式为$\frac{a_2 \times c_2}{b_2 \times d_2}=$（　）。

A. $24/z$　　B. $14/z$　　C. $7/z$

6. 用锥形砂轮磨齿机磨模数 $m=4$ mm 的齿轮，选择砂轮特性为（　）。

A. WAF40P　　B. WAF80L　　C. AF180L

7. 用碟形砂轮磨齿机磨模数 $m=4$ mm 的齿轮，选择砂轮特性为（　）。

A. WAF54K　　B. WAF100P　　C. WAF90N

三、简答题

1. 齿轮磨床的砂轮为什么要进行静平衡后才能使用?

2. 简述锥形砂轮磨齿机的磨削步骤。

第十单元　磨床夹具

课题一　工件安装的概念

一、填空题

1. 基准可分为__________和__________两大类。

2. 工艺基准又分为__________基准、__________基准和__________基准等几种。

3. 工件在夹具中加工时，影响表面位置加工精度的因素有__________、__________、__________和__________等四个方面。

4. 工件以平面定位时，常用的定位元件有__________、__________、__________和__________等。

5. 平头支承钉适用于__________的定位。球面支承钉适用于__________的定位。

6. 支承板适用于__________的大、中型工件的平面定位。有__________和__________两种结构。

7. 辅助支承是在__________后才参与支承，仅与工件适当接触，不起任何消除__________的作用。

8. 工件以内孔定位时，其定位元件有__________、__________及__________等。

9. 工件定位后，使其在加工过程中__________的操作，称为夹紧。

10. 夹紧力的确定包括__________、__________及作用点。

11. 机床夹具中常用的夹紧装置有__________夹紧装置、__________夹紧装置和__________夹紧装置。

二、判断题（对的打“√”，错的打“×”）

1. 工件的定位基准是加工过程中采用的基准。（　　）

2. 工件在机床或夹具中被夹紧后，就实现了工件在夹具中的定位。（　　）

3. 工件定位后，任何方向外力的作用都不能使工件运动。（　　）

4. 在实际生产中，任何工件定位时均需限制 6 个自由度。（　　）

5. 部分定位时，工件被限制的自由度数少于 6 个，所以会影响工件的加工精度。（　　）

6. 重复定位决不允许在生产中使用。 ( )

7. 欠定位决不允许在生产中使用。 ( )

8. 所限制自由度数目不足 6 个的就是欠定位。 ( )

9. 采用一夹一顶装夹工件时，如果夹持部分较长，属于重复定位。 ( )

10. 工件的定位是靠定位支撑点与工件的定位基准接触而实现的。 ( )

11. A 型支撑板主要用于侧平面的定位。 ( )

12. 圆柱形工件用 V 形架定位时，一个方向的定位误差为零。 ( )

13. 工件表面是毛坯面时，可在半圆弧上定位。 ( )

14. 小锥度心轴不仅径向定位精度高，而且轴向定位精度也高。 ( )

15. 用圆锥心轴定位时，当圆锥半角大于 6°时，可在心轴大端配一个旋出工件的螺母。 ( )

16. 花键心轴定位部分外圆有 1∶1 000～1∶5 000 的锥度。 ( )

17. 设计装夹稍长且主要以孔定位的工件的磨用心轴时，为使定位可靠，应增加心轴台肩与工件的接触面。 ( )

18. 微锥心轴的锥度一般大于 1∶5 000。 ( )

19. 夹紧装置中，夹紧力的作用点应落在定位元件的支撑范围内。 ( )

三、选择题（将正确答案的序号填入括号内）

1. 用三爪自定心卡盘装夹磨轴类工件时，定位表面是（ ），定位基准是（ ）。

A. 外圆　　B. 两顶尖孔　　C. 轴线

2. 6 个自由度是刚体在空间位置确定的（ ）程度。

A. 最高　　B. 最低　　C. 一般

3. 工件采用一夹一顶装夹时，如果夹持部分较短属于（ ）定位。

A. 完全　　B. 部分　　C. 欠

4. 将工件在机床或夹具中定位、夹紧的过程称为（ ）。

A. 就位　　B. 安装　　C. 装夹　　D. 固定

5. 工件采用三爪自定心卡盘装夹磨削时，夹持部分较长，限制了工件（ ）个自由度。

A. 2　　B. 3　　C. 4

6. 带有长孔的套类零件装在带有台阶的长心轴上，这种定位属于（ ）定位。

A. 部分　　B. 欠　　C. 重复

7. （ ）支撑板工作表面有斜槽，定位精度高。

A. A 型　　B. B 型

8. 工件以底面作为定位基面，用散开的 3 个支撑钉定位，它们属于（ ）定位。

A. 部分　　B. 欠　　C. 重复

9. 圆柱形工件在长 V 形架上定位，限制了（ ）个自由度。

A. 2　　B. 3　　C. 4

10. V 形架是（ ）定位。

A. 对中心　　B. 保证水平　　C. 保证垂直

11. V形架是以（　　）为定位基面的定位元件。

A. 外圆锥面　　B. 外圆柱面　　C. 内圆柱面

12. 在电磁吸盘上磨削平行平面时，工件被限制（　　）个自由度。

A. 2　　B. 3　　C. 4

13. 工件用小锥度心轴定位时，一般能保证（　　）mm左右的同轴度。

A. 0.02　　B. 0.005　　C. 0.01

14. 小锥度心轴工作部分的锥度一般为（　　）。

A. 1∶1 000～1∶5 000　　B. 1∶5 000～1∶6 500　　C. 1∶100～1∶500

15. 定位销常用于组合定位，短圆柱销能限制（　　）个自由度。

A. 1　　B. 2　　C. 3

16. 工件以一面两孔定位时，如果用两个短圆柱销，属于（　　）定位。如其中一个采用削边销时，又属于（　　）定位。

A. 完全　　B. 部分　　C. 欠

17. 夹紧力的方向应尽量与切削力（　　）。

A. 相同　　B. 相反　　C. 成任意角度

18. 夹紧装置中，夹紧力的方向应尽可能（　　）工件的主要定位基面，使夹紧稳定可靠。

A. 平行　　B. 垂直　　C. 倾斜

19. 螺母夹紧机构中，使用开口垫圈的作用是（　　）。

A. 把工件夹牢　　B. 快速装卸工件　　C. 减小工件与夹具的接触面

20. 磨薄壁套类工件时，夹紧力的方向应尽量采用（　　）。

A. 轴向　　B. 径向

四、名词解释

1. 工件的定位

2. 基准

3. 设计基准

4. 工艺基准

5. 定位基准

6. 定位误差

7. 定位基准位移误差

8. 基准不重合误差

五、简答题

1. 工件以两孔一面定位时，定位元件为什么采用一个短圆柱销和一个削边销？

2. 精基准的选择应满足哪些原则？

3. 夹紧力的方向应满足哪些原则？

4. 夹紧力的作用点应满足哪些原则？

5. 螺旋夹紧装置的特点是什么？常用的有哪些种类？

课题二　磨床夹具

一、填空题

1. 夹具按通用化程度和使用特点一般可分为________________、________________、________________等。

2. 夹具一般由________________、________________、________________和辅助装置组成。

二、判断题（对的打“√”，错的打“×”）

1. 采用夹具后，工件在加工中的正确位置就由夹具来保证，并能使每一批零件基本上都能达到相同的精度。（　　）

2. 夹具可以使机床一机多用。（　　）

三、简答题

夹具的作用有哪些？

第十一单元　典型零件的工艺分析

一、填空题

1. 零件的加工精度是指加工后的零件在＿＿＿＿＿＿＿、＿＿＿＿＿＿＿和表面相互位置三个方面与理想零件的符合程度。

2. 磨削表面质量包括＿＿＿＿＿＿＿＿、＿＿＿＿＿＿＿＿＿＿、＿＿＿＿＿＿＿＿＿＿及＿＿＿＿＿＿＿＿＿＿等四个方面。

3. 影响表面粗糙度的因素有以下几方面：

(1) ＿＿＿＿＿＿＿＿＿＿＿＿＿＿＿＿＿＿＿＿＿＿＿＿＿＿＿＿＿＿＿＿；

(2) ＿＿＿＿＿＿＿＿＿＿＿＿＿＿＿＿＿＿＿＿＿＿＿＿＿＿＿＿＿＿＿＿；

(3) ＿＿＿＿＿＿＿＿＿＿＿＿＿＿＿＿＿＿＿＿＿＿＿＿＿＿＿＿＿＿＿＿；

(4) ＿＿＿＿＿＿＿＿＿＿＿＿＿＿＿＿＿＿＿＿＿＿＿＿＿＿＿＿＿＿＿＿。

4. 表面烧伤是＿＿＿＿＿＿＿＿＿＿和＿＿＿＿＿＿＿＿＿＿＿＿所致。

5. 加工误差分为＿＿＿＿＿＿＿＿＿＿误差和＿＿＿＿＿＿＿＿＿误差。

6. ＿＿＿＿＿＿＿＿误差、＿＿＿＿＿＿＿＿＿＿误差、＿＿＿＿＿＿＿＿＿＿误差属于随机性误差。

二、判断题（对的打“√”，错的打“×”）

1. 工件在装夹过程中产生的误差称为装夹误差，它包括夹紧误差和定位误差。（　　）

2. 定位误差包括基准位移误差和基准不重合误差。（　　）

3. 基准不重合误差是由于工件的定位基准与设计基准不重合而产生的加工误差。（　　）

4. 工艺系统变形误差是指磨床在磨削力、磨削热的作用下产生变形，从而影响工件的加工精度所产生的误差。（　　）

5. 磨削工件几何形状的精度称为磨床的几何精度。（　　）

6. 磨床的几何精度是保证工件加工精度的最基本条件。（　　）

7. 磨床的定位精度是指工件装夹在磨床上所能达到的实际位置精度。（　　）

8. 磨床砂轮架精度包括砂轮主轴的旋转速度和砂轮架导轨的直线度等，它们直接影响工件的加工精度。（　　）

9. 磨床头架运动误差将直接反映在被加工工件表面上。（　　）

10. 磨床头架、尾座等的高度直接影响被加工工件的直线度。（　　）

三、选择题（将正确答案的序号填入括号内）

1. 采用（　　）的加工方法所产生的误差称为原理误差。

A. 理论　　B. 理想　　C. 假想　　D. 近似

2. 工件在夹紧力作用下使工件产生弹性变形，加工后去除夹紧力，使加工表面产生（　　），称为夹紧误差。

A. 变形误差　　B. 形状误差　　C. 位置误差　　D. 尺寸误差

3. （　　）包括基准位移误差和基准不重合误差。

A. 基准误差　　B. 安装误差　　C. 位置误差　　D. 定位误差

4. 由于砂轮的（　　）选择不当、砂轮磨损或修整不正确而造成的加工误差称为砂轮误差。

A. 尺寸　　B. 型号　　C. 特性　　D. 磨料

5. 机床（　　）受到磨削力与磨削热的作用，都会产生变形，从而影响工件的加工精度。

A. 结构　　B. 构件　　C. 零部件　　D. 工艺系统

6. 磨削加工时，磨削热及机床传动部分产生的热量，使工艺系统产生（　　）的温升及变形，因而出现加工误差。

A. 不均匀　　B. 剧烈　　C. 非正常　　D. 一定

7. 存在残余应力的工件会在（　　）缓慢变形，丧失原来的加工精度，因而产生误差。

A. 使用中　　B. 长时间　　C. 加工过程　　D. 常温下

8. （　　）多数是由于量具本身的误差或测量方法不当产生的。

A. 加工误差　　B. 测量误差　　C. 调整误差　　D. 操作误差

9. （　　）是由于工人操作失误而产生的误差。

A. 加工误差　　B. 测量误差　　C. 调整误差　　D. 操作误差

10. 在正常情况下，（　　）的精度是影响工件加工一系列因素中的最重要因素。

A. 机床　　B. 夹具　　C. 切削用量调整　　D. 砂轮修整

11. 磨床的（　　）是指砂轮主轴的回转精度、床身导轨的直线度、工作台的平行度、头架和尾座中心线的等高度以及对工作台移动的平行度等。

A. 几何精度　　B. 定位精度　　C. 复位精度　　D. 静态精度

12. （　　）是指磨床的某一部件从一个位置运动到预期的另一位置时所达到的实际位置精度。

A. 几何精度　　B. 传动精度　　C. 定位精度　　D. 动态精度

13. 磨床在运动、温升、外载荷等作用下的精度，称为磨床的（　　）。

A. 几何精度　　B. 传动精度　　C. 定位精度　　D. 动态精度

14. 磨床（　　）的运动误差，将直接反映在被加工工件表面上。

A. 砂轮架　　B. 头架　　C. 尾座　　D. 内圆磨具

四、简答题

1. 磨削时有哪些因素影响加工精度？

2. 磨削时影响表面粗糙度的因素有哪些？

3. 试分析磨床主轴的磨削工艺。

4. 试分析钻床主轴套筒的磨削工艺。

第十二单元　磨削新工艺

课题一　超精密磨削

一、填空题

1. 工件表面粗糙度值低于________________μm 的磨削工艺称为低表面粗糙度值磨削。低表面粗糙度值磨削包括________________磨削、________________磨削和镜面磨削三大类。

2. 工件表面粗糙度值为________________μm 的磨削称为镜面磨削。

3. 普通磨削砂轮的圆周速度 35 m/s 以下。砂轮圆周速度 $v_s \geqslant 45$ m/s 的磨削称为________________磨削。

4. 低表面粗糙度值磨削时应采用________________的砂轮圆周速度。

5. 微刃对工件主要的功能是________________。

6. 低表面粗糙度值磨削采用较______________砂轮圆周速度，______________纵向进给量。

二、判断题（对的打“√”，错的打“×”）

1. 超精磨削不仅能达到极小的表面粗糙度值，而且能获得很高的形状位置精度和尺寸精度。（　）

2. 与手工研磨相比，超精磨削不但加工质量稳定，而且生产效率高。（　）

3. 在普通磨削时，砂轮圆周速度的提高对细化工件表面粗糙度是有利的。（　）

4. 超精磨削时，工件圆周速度对加工工件的表面粗糙度有较大的影响。（　）

5. 超精磨削时，工件转速过高，工件表面散热慢，易使工件烧伤和出现螺旋形刀痕。（　）

6. 一般超精磨削淬硬钢、合金钢或铸件时，常用白刚玉、铬刚玉、微晶刚玉和单晶刚玉四种磨料。（　）

7. 超精磨削时应选用细粒度的砂轮，以获得较小的工件表面粗糙度值。（　）

8. 超精磨削时，不允许磨粒从结合剂中整粒地脱落，因此砂轮要有适当的硬度。（　）

9. 超精磨削砂轮应用得最多的结合剂是树脂结合剂。（　）

10. 树脂结合剂砂轮经修整后能获得很多的微刃。（　）

11. 超精磨削应选用均匀和较紧密的砂轮。（　）

12. 为了保证磨粒的微刃等高性，一定要保证磨粒、结合剂组织均匀，这是超精磨削对

砂轮特性的特殊要求。 (　　)

13. 超精磨削时，磨粒的微刃性和微刃等高性与修整砂轮纵向进给量有密切关系。 (　　)

14. 超精磨削时，机床要配置磨削指示仪和切削液过滤装置。 (　　)

三、选择题（将正确答案的序号填入括号内）

1. (　　) 属于低表面粗糙度值磨削。

A. 超精密磨削和镜面磨削　B. 高速磨削和镜面磨削　C. 超精密磨削和高速磨削

2. 低表面粗糙度值磨削的加工表面粗糙度可达 (　　) μm。

A. *Ra*0.1　B. *Ra*0.01　C. *Ra*0.005

3. 低表面粗糙度值磨削时，砂轮圆周速度一般应选用 (　　) m/s 左右。

A. 15～20　B. 20～30　C. 30～35

4. 超精密磨削时，余量一般为 (　　) μm。

A. 3～5　B. 5～10　C. 10～20

5. 低表面粗糙度值磨削钢件和铸铁时，宜选用 (　　) 类磨料砂轮。

A. 碳化硅　B. 刚玉　C. 人造金刚石

6. 超精密磨削时，砂轮一般采用 (　　) 粒度较为合适。

A. F100～F120　B. F240～F280　C. F500～F600

7. 镜面磨削时不宜用陶瓷结合剂制作砂轮，而宜采用 (　　) 结合剂砂轮。

A. 橡胶　B. 树脂　C. 金属

8. 超精密磨削时，修整砂轮的纵向进给量可取 (　　) mm/r。

A. <0.008　B. 0.008～0.012　C. 0.012～0.016

9. 超精密磨削时，外圆零件的表面粗糙度应小于 (　　) μm。

A. *Ra*0.8　B. *Ra*0.4　C. *Ra*0.1

10. 镜面磨削平面时，工作台速度采用 (　　) m/min。

A. 10～12　B. 12～14　C. 14～16

11. 低表面粗糙度值磨削时，砂轮主轴回转的径向跳动量和轴向窜动量误差只允许 (　　) mm。

A. 0.001　B. 0.005　C. 0.01

12. 增大 (　　) 可以减小磨屑厚度。

A. 砂轮圆周速度　B. 背吃刀量　C. 工件圆周（进给）速度

四、简答题

1. 什么叫精密磨削、超精密磨削、镜面磨削？

2. 超精密磨削时如何选择磨削用量?

课题二　高速磨削

一、填空题

1. 高速磨削时，砂轮主轴电动机功率要加大______________。
2. 高速磨削所用砂轮必须有足够的强度，其安全线速度要达到____________ m/s。
3. 高速磨削砂轮粒度为____________，硬度为____________之间。

二、判断题（对的打“√”，错的打“×”）

1. 砂轮圆周速度大于 3 535 m/s 的磨削，称为高速磨削。（　）
2. 高速磨削时，砂轮表面在单位时间内参与磨削的磨粒数量增多，使磨削厚度增大。（　）
3. 高速磨削应选用较粗粒度为 F24～F40 的砂轮。（　）

三、选择题（将正确答案的序号填入括号内）

1. 高速磨削时，所用砂轮罩的钢板厚度应比普通磨削增加（　）以上。
   A. 20％　　B. 40％　　C. 60％
2. 高速磨削时，如果将磨削速度由 35 m/s 提高到 50～60 m/s，砂轮使用寿命可提高（　）倍。
   A. 0.5～0.7　　B. 0.7～1　　C. 1～1.3
3. MS132 型高速外圆磨床，砂轮圆周速度可达到（　）m/s。
   A. 50　　B. 60　　C. 80
4. 磨削速度提高后，需加大主轴轴承的装配间隙，一般取（　）mm。
   A. 0.01～0.02　　B. 0.02～0.03　　C. 0.03～0.04
5. 高速磨削时，主轴箱内油温不得超过（　）℃。
   A. 20　　B. 30　　C. 40

6. 高速磨削时，一般选用（　　）粒度的砂轮。

A. F46～F60　　B. F60～F80　　C. F80～F100

7. 高速磨削时进给量加大，砂轮的粒度应比普通磨削时所用砂轮粒度（　　）。

A. 粗　　B. 细　　C. 相同

8. 高速磨削时，随着砂轮速度的提高和磨削进给量的增加，（　　）主轴电动机功率要相应加大75％～100％。

A. 头架　　B. 砂轮　　C. 液压泵

四、简答题

1. 试述高速磨削的特点。

2. 高速磨削时怎样消除磨床工艺系统的强迫振动？

课题三　恒压力磨削

一、选择题（将正确答案的序号填入括号内）

1. 恒压力磨削的控制力主要用于控制磨削过程中的（　　）磨削力。

A. 径向　　B. 轴向　　C. 切向

2. 恒压力磨削是（　　）磨削的一种类型。

A. 纵向　　B. 分段　　C. 切入

3. 恒压力磨削时，砂轮架的横向位置由定位挡块控制，其误差以（　　）的比例反映到工件上。

A. 1∶1　　B. 1∶2　　C. 1∶3

4. 液压噪声会引发（　　），它影响工作环境，而且不利于低粗糙度值磨削。

A. 脉动　　B. 冲击　　C. 振动

5. 为了准确地控制（　　），恒压力磨削时横向进给系统需采用静压或滚柱导轨。

A. 磨削力　　B. 摩擦力　　C. 系统压力

二、简答题

什么是恒压力磨削？恒压力磨削有什么特点？

课题四　砂 带 磨 削

一、填空题

1. 用高速运动的砂带作为磨削工具，磨削各种表面的方法称为________________。

2. 砂带磨削方法有________________法和________________法两种。

3. 砂带磨削时，对于没有切削液的磨削应选用______________的砂带；对于有乳化液的磨削，则应选用______________的砂带。通常用斜纹布织物作基带。

4. 制造砂带的磨料有________________、________________、________________、

________、单晶刚玉、氮化硼、金刚砂等。

二、选择题（将正确答案的序号填入括号内）

1. 砂带磨床的结构（　　）。

A. 复杂　　B. 简易　　C. 与一般磨床相同

2. 砂带磨削时，不采用切削液冷却的磨削应选用（　　）基带砂带。

A. 纸质　　B. 织物　　C. 牛皮

3. 砂带磨削的效率已达到普通砂轮磨削的（　　）倍。

A. 3　　B. 5　　C. 10

4. 砂带磨削（　　）像砂轮那样进行平衡和修整。

A. 需要　　B. 不需要　　C. 也可

5. 砂带磨床功率利用率可达（　　）以上。

A. 45%　　B. 65%　　C. 85%

三、简答题

砂带磨削有哪些特点？

课题五　特种材料的磨削

一、填空题

1. 金刚石砂轮由________、________和________组成。

2. 金刚石砂轮的粒度应从________、________和金刚石的消耗等三方面综合考虑。

3. 金刚石砂轮的浓度是指________含有金刚石的质量。

4. 磨削一般不锈钢大多采用________磨料。

5. 磨削不锈钢的砂轮一般都采用________结合剂。

二、选择题（将正确答案的序号填入括号内）

1. 用（　　）磨料砂轮磨削硬质合金，磨削热不易散发，工件易产生磨削裂纹。

A. 金刚石　　B. 碳化硅　　C. 立方氮化硼

2. 金刚石砂轮精磨时选用（　　）粒度。

A. F120～F240　　B. F240～F280　　C. F280～F600

3. 粒度对金刚石砂轮的（　　）有较大的影响。

A. 磨削生产率　　B. 加工表面粗糙度　　C. 消耗

4. 100%浓度是表示金刚石砂轮工作层每立方厘米体积中含有（　　）克拉（1 克拉＝0.2 g）重的金刚石。

A. 1.1　　B. 2.2　　C. 4.4

5. 金刚石砂轮磨削时，工件圆周速度一般为（　　）m/min。

A. 10　　B. 15　　C. 20

6. 采用金刚石砂轮的机床要有较好的（　　），主轴的旋转精度要高。

A. 弹性　　B. 防腐性　　C. 刚性

7. 磨削普通不锈钢时，磨削总余量一般为（　　）mm。

A. 0.15～0.30　　B. 0.30～0.40　　C. 0.40～0.50

8. 磨削普通不锈钢，最好选用（　　）磨料砂轮。

A. 白刚玉　　B. 锆刚玉　　C. 立方氮化硼

9. 普通不锈钢的强度、硬度都（　　）普通钢。

A. 高于　　B. 低于　　C. 等于

三、简答题

1. 如何合理使用金刚石砂轮？

2. 不锈钢的磨削有什么特点？

第十三单元　提高劳动生产率的途径

一、填空题

1. 劳动生产率是衡量生产效率的一个综合指标，它可以用________________和________________来表示。

2. 要提高劳动生产率，就必须增加________________定额或减少________________定额。在机械制造行业中常采用________________定额。

3. 任何提高劳动生产率的措施，必须在确保________________的前提下，以保证产品________________为中心，以提高________________为目的，不断提高劳动生产率，并注意减轻工人的________________，以降低生产成本，努力实现________________、________________、________________、低耗。

4. 在不影响加工精度的情况下，增大________________、增大________________都可以提高砂轮的金属切除率，从而缩短基本时间。

5. 纵向磨削法的进给运动所消耗的时间较多，故生产率较低，当砂轮的宽度大于工件________________时，可采用________________磨削法。

6. 用________________或用________________同时对工件的几个表面进行磨削，可使原来需要的若干个工步合并为一个复合工步。由于工步的基本时间全部或部分重合，故可以减少工序的基本时间。

7. 采用________________、________________、________________等先进高效的夹具，可直接缩减工件的装卸时间。

8. 使________________时间与________________时间部分地重叠起来，可间接缩短辅助时间。

二、判断题（对的打“√”，错的打“×”）

1. 在企业里，尽管生产类型不同，但时间定额的组成却是相同的。（　　）

2. 缩短员工的休息和自然需要时间，是提高劳动生产率的重要方法。（　　）

3. 员工在上班时间内，为恢复体力和满足生理需要所消耗的时间为休息和自然需要时间。（　　）

4. 增大砂轮圆周速度，可以提高砂轮的金属切除率，从而缩短基本时间。（　　）

5. 在普通外圆磨床上，采用深度磨法，只能提高加工精度，不能提高劳动生产率。（　　）

6. 在生产过程中，辅助时间占有很大的比例，因此，缩短辅助时间是提高劳动生产率的重要途径。（　　）

7. 采用自动、气动、液压等先进高效的夹具，直接缩短基本时间。（　　）

8. 在加工过程中检验工件，并根据检验结果操纵机床，能提高劳动生产率。（　　）

三、名词解释

1. 作业时间

2. 基本时间

3. 辅助时间

四、简答题

1. 时间定额是由哪些因素组成的？

2. 提高劳动生产率的措施有哪些？

3. 缩短基本时间的方法有哪些?

4. 缩短辅助时间的方法有哪些?